POSITIVE ENERGY EXERCISES

正能量
练习题

莫莫◎编著

北京理工大学出版社
BEIJING INSTITUTE OF TECHNOLOGY PRESS

图书在版编目（CIP）数据

正能量练习题 / 莫莫编著. —北京：北京理工大学出版社，2013.9
ISBN 978-7-5640-7777-8

Ⅰ.①正…　Ⅱ.①莫…　Ⅲ.①成功心理–通俗读物　Ⅳ.①B848.4–49

中国版本图书馆 CIP 数据核字（2013）第 117877 号

出版发行 / 北京理工大学出版社有限责任公司
社　　址 / 北京市海淀区中关村南大街 5 号
邮　　编 / 100081
电　　话 / （010）68914775（总编室）
　　　　　　82562903（教材售后服务热线）
　　　　　　68948351（其他图书服务热线）
网　　址 / http://www.bitpress.com.cn
经　　销 / 全国各地新华书店
印　　刷 / 北京市通州富达印刷厂
开　　本 / 710 毫米 × 1000 毫米　1/16
印　　张 / 16　　　　　　　　　　　　　　　　责任编辑 / 高　芳
字　　数 / 210 千字　　　　　　　　　　　　　文案编辑 / 高　芳
版　　次 / 2013 年 9 月第 1 版　　2013 年 9 月第 1 次印刷　　责任校对 / 陈玉梅
定　　价 / 29.80 元　　　　　　　　　　　　　责任印制 / 边心超

正能量是健康的标志，更是幸福的基础。

大自然赋予人类最珍贵的礼物，无外乎青春与健康，如果说青春是生命的赞歌，那么健康无异于生命的乐谱。青春稍纵即逝，这是每个人生命中无法回避的遗憾；而健康弥足珍贵，这是所有人生命中不容忽视的筹码。归根结底，青春与健康都紧紧围绕着另外一个礼物，即人类赋予自己的最神奇的礼物：正能量。正能量是一个神奇的场，能够让青春以另一种形式延续，为青春提供源源不断的能量，更有益于维护机体的健康，为身心提供充足的养分。

如果你正值青春年少，却感觉内心沧桑、身心疲惫；

如果你忙得焦头烂额，却仍然看不到成功的曙光；

如果你渴望改变现状，却苦于找不到合适的出路；

如果你常常谈笑风生，却总是受制于内心的孤独；

如果你向往美好人生，却偏要面临现实中的困惑；

如果你追求积极向上，却总是在消极悲观中度日；

……

那么，你亟需补充正能量。

何为正能量？正能量是指那些正面的、积极向上的动力与情感，如今，所有积极健康的、催人奋进的事情以及情绪，比如乐观、友善、正义、和谐都被贴上了正能量的标签。生活中宣扬的团结协作、勇于进取的精神，就是正能量的一种体现；佛学中讲的八风不动，即面临利、衰、毁、誉、称、讥、苦、乐时，情绪都不为所动，这种处变不惊、成熟沉稳的状态也是正能量的体现。

如果一个人的思想总是被正能量占有，那么他的人生就没有任何遗憾可言。每个人都是自己生命舞台上的主角，只要能够在面对舞台上的风起云涌时保持正能量，那么他的人生必然是精彩纷呈的。

正能量具有一定的弹性，当负能量逼近时，它就会紧绷，然而它的紧绷存在一定的极限，超越了这个极限，在积极的主观意识的作用下，它就会迅速反弹，不断强大，直到占据生活的全部。只要你拥有强势的正能量，你就不会成为负能量的奴隶。

宋代诗人杨万里的诗中有一句话："风力掀天浪打头，只须一笑不须愁。"阳光是内心深处的一面镜子，能将烦恼反射出去，也能将快乐映射心田。在心间播种一粒正能量的种子，你就会拥有这样一面镜子。把握好正能量的弹性，让正能量成为你生活的主旋律。

目 录

第六章
158 正能量练习（五）：培养乐观心态

第七章
196 正能量练习（六）：练就健康体魄

第八章
231 正能量练习（七）：战胜负能量

第一章

传递正向能量，拥有给力人生

　　健康向上、积极乐观又充满进取精神和激励作用的能量，被称为正能量。相反，那些贴上猜忌、消极、倦怠、颓废等负面标签的能量，则被称为负能量。在有限的能量空间里，正、负两种能量是此消彼长的关系。因此，当正向能量不断被激发时，人们的幸福感会随之增加，负能量就会逐渐被取代。所以，想要人生精彩纷呈，想要生活积极向上，就必须拥有能够辐射正面因素的正能量。

人生不给力，来点正能量

最近的生活是否难以 hold 住？想要去旅游可身体不给力？工作中业绩不给力？放松时情绪不给力？休息时睡眠不给力？对不给力的人来说，生活就像一个大漏勺，而自己追求的事物正如容器里的水，费尽心机地捞了半天，却仍然徒劳无获。苏格拉底曾经说过，自信与积极是一个人能够有所成就的最根本的前提条件。从这个角度来看，首先应该进行积极的自我评估，即给自己充分的肯定。积极的心态使人能够充分地认识自身的优越性并将这种优越性恰当地表现出来，因此，当你的人生不给力时，不妨多给自己一些积极的暗示。

下面是一些常见的词汇，看到这些词汇时，请写出你的第一个感受，或者你能想到的第一个感受：

幸福、乐观、惊喜、伤心、生气、害怕。

通常，提到幸福，人们首先想到的是微笑；提到乐观，人们会想到成功；提到惊喜，首先想到的是目光有神；提到伤心，首先想到的是眼泪；提到生气，首先会想到皱眉；提到害怕，首先会想到逃避。

可见，积极的词汇会让人产生积极的联想，这也说明快乐是能够传染的，正如笑容也能够传染一样。当你来到一个陌生的房间，看见里边的每个人都在开怀大笑，你会情不自禁地跟着一同笑起来；当你看到一群闲散懒惰的人，你会不知不觉地产生倦怠的感觉。

所以，人生中的很多不给力，往往是受不给力的环境影响所致。如果你想 hold 住自己的生活，就要想办法给自己的生活补充正能量。

曾经有人发明了"欢笑"的练习，后来被大力推广。

参与练习的人们彼此拉开一定的距离，围成一个大圆圈。由另外一个人站在圆心，组织这个练习。整个活动大约持续 20 分钟，其中会包括很多项小练习。每个练习的时间在一分钟以内。以下是使用频率最高的练习：

1. "哈哈哈哈"练习。

一边拍手一边发出"哈哈哈哈"的声音，每个字拍一下手。声音要从丹田而发，在练习中要面带微笑。这个练习往往被用来热身，偶尔也会穿插在其他练习之中。

2. "循环往复"练习。

所有的人手拉手，站在中间的组织者喊口号。当组织者喊"开始"后，所有的人都开始小声地笑。当组织者喊"向前"后，大家一起向圆心靠拢，在行动的过程中笑声要由小变大。当组织者喊"归位"后，大家一起退回原地，同时笑声越来越小。

3. "旁敲侧击"练习。

为每个人随机分配一个数字作为代码，不必按顺序分配。当组织者喊到谁的号码时，其右手牵着的人就要发出笑声，持续 5 秒钟以上，然后组织者继续喊出号码。

4. "森林之王"练习。

每个人都有自己的数字代码，当组织者喊到谁时，谁就要睁大双眼，张开双臂，将自己想象成一个统领整个森林的狮子，然后大笑 20 秒。如果组织者喊"全部"，那么所有人一起大笑。

这些看起来匪夷所思的练习其实是经过反复实验被证实为效果明显的，因为人们在笑的同时会逆向联想到快乐，也许开始笑得不自然，但持续一段时间后，也就是在进入状态之后，就会找到自己的笑容所代表的感觉。例如，在"哈哈哈哈"练习中，人们能够体会到一些简单的小动作所带来的愉悦感，比如一拍手就会自然地面露微笑；在"旁敲侧击"练习中，人们随时会接受一些意外的微笑指令，在面对一些突如其来的小变故时，能够将微笑作为第一反应，这样会自动抵消很多不安的情绪；在"森林之王"练习中，"得志"之后的张狂大笑会让人心生满足感，能够提升对自己的认可，使人信心十足。

除了欢笑，还有很多活动能够让人快乐，比如跳些节奏感较强的舞蹈，或者听节奏欢快的音乐，这都可以让人更兴奋，更乐观。

此外，还有一个小方法可以增加自己的生活乐趣。

首先，准备7张大小相同的纸条，然后在每张纸条上写出一件能够让你充满热情或者你特别想做的事情，最好是能够轻易实现的。

每张纸条上的内容可以参考如下几项：

你的兴趣爱好是什么？你喜欢听谁的歌？你平时爱看谁的书？你想去哪里旅游？如果晚上有时间，你是想去听音乐会、去看电影，还是去健身房？

小的时候，你最喜欢做什么？你想不想重温一下某个风靡一时的游戏？你是否想画画、种植花草、和小宠物一起玩、研究汽车模型、看童话书、像老师一样在一块小黑板上写字、放风筝、拿麻将摆房子……

你喜欢独处还是和别人相处呢？你喜欢和谁一起喝咖啡？你喜欢陪谁一起逛街？你想什么时候去看望自己的父母？你是否想和兄弟姐妹一起吃个饭？

你是个有爱心、有公德心的人吗？你是否想去福利院帮忙？是否想到公益组织做志愿者？你想过要把自己不用的物品送给救助中心去帮助需要它们的人吗？

写好后，将每张纸条揉成一个纸团，然后放在一个盒子里。从周一开始每天早上抽出一个纸团，尽量在当天完成你的小心愿。

一周结束后，你会发现自己的很多梦想都实现了，而且体会到了久违的快乐，生活中不如意的事情也渐渐地被这些快乐冲淡。坚持下去，一个月后，你会发现自己几乎每天都很充实，至少每天都会有一件让自己欣慰的事情。

生活本就是以平凡为基调的，每天感受一点平凡的快乐，补充一点平凡的正能量，你的生活会逐渐不平凡。

测试你身上的能量场

一段时间内，在各大网站上兴起了"追求真善美，传播正能量"的口号。从广大网友的追逐响应来看，传播正能量已然成为现代人追求给力人生、传递积极力量的最好诠释。

当然，传播正能量，首先要具备足够的积极的能量，否则传播无从谈起。

那么，你是否了解自己身上存在着哪种能量场，自己会是哪种能量使者？你眼中的自己未必是真实的自己，借助别人的眼睛来观察自己，也许会看到不一样的自己，感受到自己身上不一样的能量。艺术源于生活，古今中外脍炙人口的艺术作品、文学作品都是以生活中的人物形象为创作原型的。

往往你的言行举止映在别人的脑海里，就是某个电影、某个剧情中的人物形象，不妨通过一个有趣的小测试来为你的能量形式归档，看看你是哪种能量的载体。

下面这个测试是美国知名的心理学家菲尔在著名的脱口秀主持人欧普拉·温弗瑞的节目里做的，如今已经被世界各国的心理测评中心引用借鉴。在进行测试时，请以现状为标准，认真作答。

1. 一天之中，你觉得什么时候感觉最好？

A. 早晨。

B. 下午及傍晚。

C. 夜里。

2. 你心情不好时通常会怎么做？

A. 找人倾诉。

B. 做运动。

C. 匀速行走，抬头看着这个丰富多彩的世界

D. 听喜欢的音乐。

E. 看一场电影。

3. 和别人交谈时，你的姿势通常是什么样的？

A. 双手环胸。

B. 双手紧握。

C. 不经意将手放在臀部后侧

D. 同对方有肢体接触。

E. 小动作不断，如摆弄头发、推眼镜框等。

4. 你坐在商场的休息区，这时旁边有人讨论你，你会？

A. 并拢双膝，正襟危坐。

B. 跷起二郎腿，自顾自地坐着。

C. 两腿向前伸直，上身很拘谨。

D. 感觉有点不自在，一条腿窝在椅子下。

5. 碰到搞笑的事情时，你会？

A. 肆无忌惮地放声大笑。

B. 会笑出声，但声音不是很大。

C. 小声地笑。

D. 掩口而笑。

6. 去参加聚会或者公众活动时，你通常会怎么入场？

A. 高调入场，尽量吸引所有人的注意力。

B. 低调入场，然后径直走向你熟悉的小圈子。

C. 悄无声息地入场，尽量不被注意到。

7. 你付出很多汗水的工作就要完成了，可这时一个朋友不小心将你的工作全部打乱，害得你不得不从头开始做，你会怎么办？

A. 克制怒火，耐心地从头做起。

B. 怒不可遏，立即翻脸。

C. 在以上二者之间。

8. 从下列几组颜色中，选出你最喜欢的那组。

A. 红色或橘色。

B. 黑色或灰色。

C. 黄色或浅蓝色。

D. 绿色或青色。

E. 深蓝色或紫色。

F. 白色或米色。

G. 棕色或褐色。

9. 临入睡前，你在床上的姿势是？

A. 仰卧，身体伸直。

B. 俯卧，身体伸直。

C. 侧身而卧，身体微蜷。

D. 将头枕在一手臂上。

E. 蒙头盖被。

10. 你经常梦到自己？

A. 身体下坠。

B. 与人吵架或挣扎。

C. 寻找某人或某件物品。

D. 飞翔或漂浮。

E. 你通常不记得自己的梦。

F. 你的梦大都是美好愉快的。

评分标准

每个选项后边的数字代表该选项的分数，根据自己的选择统计出测试的总分数：

1. A→2 B→4 C→6

2. A→6 B→4 C→7 D→2 E→1

3. A→4 B→2 C→5 D→7 E→6

4. A→4 B→6 C→7 D→1

5. A→6 B→4 C→3 D→5

6. A→6 B→4 C→2

7. A→6 B→2 C→4

8. A→6 B→7 C→5 D→4 E→3 F→2 G→1

9. A→7 B→6 C→4 D→2 E→1

10. A→4 B→2 C→3 D→5 E→6 F→1

测试分析

低于20分：圣地亚哥（《老人与海》）：坚毅执著

生活中的你总是沉默寡言，但却非常执著，甚至有些固执任性。你有自己的坚持，专注于自己的追求，而且并不期待凡事得到他人的认可。你的内心世界很丰富，你的想法也很成熟，只是面对别人的不理解时，你往往不屑于解释。凡是自己认定是对的事，你都会义无反顾地坚持，你身上散发的坚毅执著往往会鼓舞别人，当同伴遇到麻烦想要放弃的时候，你的坚持会给他们前进的勇气。因此，你是坚毅的能量使者。

21～30分：迈克·柯里昂（《教父》）：沉稳睿智

也许在人群中你是最平淡无奇的那个，但事实上你是最精明睿智的人之一。你知道怎么在复杂的局势中保护自己，如何用天真的表演遮盖内心的狂野。你总是能够有条不紊地将一切安排妥当，然后在关键时刻一举得手。你的人生永远是理智的，即使偶尔会感性一回，但你注定是一个能指点江山的人物。你的身上散发着成功者的气质，任何在你身边的人都会自然而然地受你影响，开始认真地对待人生，沉稳有序地规划自己的事业。

31~40分：简·爱（《简·爱》）：谦虚朴实

在他人眼中，你是一个谨慎、踏实、注重成效的人，你的谦虚会为你带来更多的好感。你是个典型的保守主义者，既不会轻易对谁吐露心声，也不会轻易给别人窥探你内心真实想法的机会。你的本性是质朴的，虽然你不会用虚伪来点缀自己的言行，但正是这个不加修饰的你深深地感染着身边的每个人，你的谦虚如一缕清风，能恰到好处地吹散混浊的、浮躁的空气，让人们感受到清新质朴的美好。

41~50分：大卫·科波菲尔（《大卫·科波菲尔》）：热情善良

你给人的感觉是善良、诚挚、聪敏、自强，生活中的你总是能够勇敢地面对各种困难，你能够身处逆境却不失斗志，有百折不回的毅力和乐观向上的精神，对身边的朋友有很强的感染力，因而常常成为别人努力拼搏的榜样。凡是和你接触的人，都会感受到积极和乐观，都会被你身上的正能量所鼓舞。

51~60分：鲁滨逊（《鲁滨逊漂流记》）：机智勇敢

冒险与挑战似乎是你身上与生俱来的因子，你的血液中流动着激情。越是常人无法驾驭的事情越能激起你的挑战欲。你常常是挥斥方遒的人物，你从不安于现状，也正因为如此，你的生活才会跌宕起伏，正是你身上散发着的"不安分"的朝气，激发了周围人的斗志，让他们一次又一次通过你意识到生活需要不断创新，人生需要不断跨越。

60分以上：达西（《傲慢与偏见》）：自强自信

你是个善于生活的人，你能够将自己的人生打点妥当，因为你知道自己想要什么、需要什么，因而你总是胸有成竹。同时，你是个自强自立的人，能够独立而冷静地处理生活中的任何问题，因此你总是能够传递出自信的正能量，身边的人一想到你，就会有一种自信涌上心头。

能量场因人而异，也会随着时间的推移不断转化，不仅要了解你身上所具备的能量场，更要及时发现你所不具备的能量，及时吸收身边人的正能量，使自己成为一个拥有综合正能量的人。

搭建自己的气质能量墙

正能量的表现形态因人而异，由于个体学识、品性、气质类型等方面的差异，每个人蓄积正能量、传递正能量的方式也不同。

气质是人类所特有的典型的且稳定的心理特征，包括心理活动的强度、稳定性与针对性。这些特征的不同组合构成了人的气质类型。气质与能量的流转存在一定的规律，因此你的气质类型决定了你将拥有什么样的能量场。

通常，气质类型分为多血质、胆汁质、黏液质和抑郁质四种，那么你属于哪种气质类型呢？你适合什么样的能量场呢？你应该如何积攒自己的正能量呢？

下面这个测试是国外著名心理学家研究出来的，专门解析气质类型，请认真阅读。

下列各题，对于每一道题，你认为非常符合自己情况的记 2 分，比较符合的记 1 分，拿不准的记 0 分，比较不符合的记 –1 分，完全不符合的记 –2 分。

1. 做事力求稳妥，不做没有把握的事。
2. 遇到让自己生气的事就怒不可遏，直到把心里话全说出来才痛快。
3. 宁可一个人做事，不愿很多人在一起合作。
4. 对新环境的适应能力非常强。
5. 厌恶那些强烈的刺激，如尖叫、噪音、危险镜头等。
6. 和别人争吵时总是先发制人，喜欢挑衅别人。

7. 喜欢安静的环境。

8. 我善于和陌生人交往。

9. 我是那种善于克制自己情绪的人。

10. 生活有规律，很少违反作息制度。

11. 在多数情况下，情绪是乐观的。

12. 碰到陌生人觉着很拘束。

13. 遇到令人气愤的事，能很好地自我克制。

14. 做事总是有旺盛的精力。

15. 遇到事情总是举棋不定，优柔寡断。

16. 在人群中从不觉得过分拘束。

17. 情绪高昂时，觉着干什么都有趣；情绪低落时，又觉得干什么都没意思。

18. 当注意力集中于某一事物时，别的事很难使我分心。

19. 工作中总是能够"温故而知新"。

20. 碰到陌生的问题总有一种极度恐惧感。

21. 对学习、工作怀有很高的热情。

22. 能够长时间做枯燥单调的工作。

23. 符合兴趣的事情，干起来劲头十足，否则，就不想干。

24. 常常因为一点小事而情绪波动。

25. 讨厌那种需要耐心细致地去做的工作。

26. 与人交往时常常不卑不亢。

27. 喜欢参加热闹的活动。

28. 爱看感情细腻、描写人物内心活动的文艺作品。

29. 喜欢突破陈规，哪怕是承担风险也不愿意墨守成规。

30. 不喜欢长时间在一个问题上纠缠不休。

31. 愿意侃侃而谈，而不是窃窃私语。

32. 别人总是说我闷闷不乐。

33. 对于新理念的接受能力差，但是一旦掌握就会牢记心中。

34. 疲倦时只要短暂休息就能精神抖擞，重新投入工作。

35. 做作业或完成一项工作总比别人花时间多。

36. 认准一个目标，就希望尽快实现，不达目的，誓不罢休。

37. 学习或工作同样一段时间后，常比别人更疲倦。

38. 做事有些莽撞，不考虑后果。

39. 老师或他人讲授新知识、技术时总希望他讲得慢些、多重复几遍。

40. 能够很快忘记那些不愉快的事情。

41. 很多心事，宁愿自己想，也不愿说出来。

42. 喜欢运动量大的体育活动，或者参加文艺活动。

43. 不能很快地把注意力从一件事情上转移到另一件事情上去。

44. 接受一个任务后，就希望把它迅速解决。

45. 认为墨守成规比冒险要强。

46. 能够同时关注几件事物。

47. 当我烦恼时，别人很难使我高兴起来。

48. 爱看情节跌宕起伏，激动人心的小说。

49. 对工作认真严谨，工作态度始终如一。

50. 和周围的人总是相处不好关系。

51. 喜欢复习学过的知识，重复做熟练的工作。

52. 喜欢接受新的任务，迎接不同的挑战。

53. 小时候会背的诗歌，我似乎比别人记得清楚。

54. 总有人说我说话很伤人，可我并不这么认为。

55. 在体育活动中，常因反应慢而落后于别人。

56. 我记忆力很好，常常过目不忘。

57. 喜欢有条理而不甚麻烦的工作。

58. 常常因为兴奋而失眠。

59. 很少会回忆过去，一般都是向前看。

60. 假如工作枯燥，马上就会情绪低落。

评分标准

请将下面每种气质类型后的题目序号的得分相加，并计算出总分。

胆汁质 2 6 9 14 17 21 27 31 36 38 42 48 50 54 58 总分（   ）

多血质 4 8 11 16 19 23 25 29 34 40 44 46 52 56 60 总分（   ）

黏液质 1 7 10 13 18 22 26 30 33 39 43 45 49 55 57 总分（   ）

抑郁质 3 5 12 15 20 24 28 32 35 37 41 47 51 53 59 总分（   ）

如果某类气质得分明显高出其他三种，均高出 4 分以上，则为该气质类型。另外，如果该类气质得分超过了 20 分，则为典型的该气质类型；如果你的得分在 10～20 分，那么则为一般的该气质类型。

如果两种气质类型的得分相近，分数之差小于 3 分，而又分别高出其他两种类型 4 分以上，那么则是这两种气质类型的混合型。

如果三种气质的得分接近且均高于第四种，则为这三种气质类型的混合型。

测试分析

胆汁质：胆汁质的人一般反应能力强，具有较高的应变能力和主动性。这类人的情感和行为动作产生得非常迅速且极其强烈，有极明显的外部表现；性格开朗、热情，但脾气不好，争强好胜；情感易于冲动但是不持久；精力充沛，经常以极大的热情从事工作，但有时缺乏耐心；思维灵活，但是对问题的理解具有粗枝大叶、不求甚解的倾向；意志坚强、果断勇敢，注意力稳定而集中但是很难转移；行动利落而又敏捷，说话速度快且声音洪亮；对待生活和工作充满热情，对待朋友表里如一。

适合职业：警察、管理者、新闻工作者、运动员。

能量墙小贴士：对胆汁质的人来说，时常进行修身养性的练习更有助于平稳情绪，比如呼吸法、瑜伽等。这些可以有效地缓解紧张情绪，稳中有序地提升体内的正能量值，成就一个内外双修的自己。

多血质：多血质的人大都聪颖绝伦，热情活泼。这类人的情感和行为动作发生得很快，转变得也快；易于产生情感，但体验不深，

善于结交朋友，对新环境的适应能力很强，大方爽朗，喜怒哀愁形于色；语言具有表达力和感染力，活泼好动，表情生动，有明显的外倾性特点；机智灵敏，思维灵活，但不会深入钻研；注意力与兴趣容易转移；在意志力方面缺乏忍耐性，毅力不强。

适合职业：导游、售货员、客服人员、教师、演讲者。

能量墙小贴士：对多血质的人来说，时常进行耐力训练是个不错的选择，或者做一些益智游戏，比如象棋。一方面，充分发挥自己的聪明才智；另一方面，磨炼自己的浮躁之气，使自己成为一个睿智、沉稳的人。

黏液质：黏液质的人反应能力较弱。情感和行为动作相对迟缓、稳定、缺乏灵活性；这类人情绪不易波动，也不易外露，很少产生激情，遇到不愉快的事往往会不动声色；在生活中思维缜密，但沉默寡言、冷漠淡定，在工作中表现得很被动；注意力稳定、持久，但难于转移；比较细致，喜欢沉思；在意志力方面具有耐性，对自己的行为有较大的自制力；态度持重，办事比较谨慎细致，从不鲁莽行事，但对新的工作较难适应，行为和情绪都表现出明显的内倾性，可塑性较差。

适合职业：医生、法官、行政人员、财会人员。

能量墙小贴士：黏液质的人需要的是刺激和鼓励。户外运动、健身训练都是不错的选择，多融入社交场合，扩大自己的交际范围，增加交流的机会，通过提高自己的曝光度来提升自己的潜力值。

抑郁质：抑郁质的人有较高的感受性。这类人情感和行为动作进行得都相当缓慢、柔弱；情感容易产生，而且体验相当深刻，隐晦而不外露，多愁善感；富于想象，聪明且观察力敏锐，善于观察他人观察不到的细微事物，敏感度比较高，思维深刻；在意志方面常表现出胆小怕事、优柔寡断的特点，受到挫折后常心神不宁，但对力所能及的工作会表现出坚忍的精神；不善交往，较为孤僻，具有明显的内倾性。

适合职业：哲学家、艺术家、技工、文员。

能量墙小贴士：抑郁质的人应该多听音乐，多参加自己感兴趣的沙龙，或者培养自己某个独特的爱好，间接转移自己的内敛，同时，还应该参加一些团队协作能力比较强的活动，这样可以淡化自己的自卑感，逐渐凸显自信。

以上气质类型各具特色，而每种类型都有自己的优点。如果在每种气质类型中都融入正能量的因素，那么这种性格就会趋近于完美。对黏液质的人来说，正能量可以驱走过分的压抑，使内心舒缓而平静；对胆汁质的人来说，正能量可以抑制冲动、焦躁，多一分从容与沉稳；对于抑郁质的人来说，正能量可以去除怯弱不安，增加一分自控力；对多血质的人来说，正能量则可以避免心血来潮，增加耐力。

所以，不管是哪种气质类型的人，都要学会用正能量保护自己、鼓舞自己、充实自己。

唤醒潜藏的正能量

人们不会因为缺乏正能量而停止自我发掘，但会因为停止自我发掘而失去正能量。

你是否想过，也许你的能量足以驱散你目前的种种不如意，只是你没有发现它？你是否想过，也许你的正能量足够点亮你的生活，只是你不知道如何去运用它？曾经有人说过，生活不是缺少美，而是缺少发现。确实如此，你的身上并不缺少正能量，只是你还没有发现它。

接下来这个练习可以帮助你唤醒潜在的正能量，帮助你成就更出色的自己。

第一步：了解真实的自己。

这个部分是非常基础的部分，改变和升级要在了解自己的基础上进行，通过这个部分的练习，你会站在更稳固的基础上发掘自己的正能量。整个过程大概需要半个小时。

首先，想出 5 个名字，最好是你非常熟悉的人，比如家人、朋友、同事、恋人等。

第一个人：甲

第二个人：乙

第三个人：丙

第四个人：丁

第五个人：戊

其次，根据实际情况填写下列表格。可以看到表格中，每一行都有两个人下面有△符号，这表示他们的共同点，且这点与你是不同的。例如，甲与乙都很热情，则在"他们的共同点"处填写"热情"，而你很冷淡，则在同一行"我"下面填写"冷淡"。接着，填写第二行，直到最后根据现实情况，完成下列表格。

甲	乙	丙	丁	戊	他们的共同点	我
△	△					
	△	△				
		△	△			
			△	△		
△		△				
	△		△			
		△		△		
△			△			
	△			△		

下面这个表格是个示范，可以根据这个表格中的提示词来拓展。

甲	乙	丙	丁	戊	他们的共同点	我
△	△				务实	浮躁
	△	△			大方	吝啬
		△	△		高瞻远瞩	鼠目寸光
			△	△	记忆力差	记忆力强
△			△		争强好胜	唯唯诺诺
	△		△		认真	马虎
	△			△	刻薄	随和
△			△		内向	外向
	△			△	淡定	紧张

　　填写好这个表格之后，再以第三人称的形式对自己进行描述。尽量要客观、符合你的实际。例如：他是一个很随和的人，常常能轻而易举地融入一个集体，和周围的人打成一片。但是，生活中的他总是有些心浮气躁，不太适合做领导者，同时，他考虑问题不够长远，总是刻意地关注眼前的蝇头小利，比较缺乏长远性。在工作中，他是个很好的助手，总是能够轻松地打开工作局面，美中不足的是这个人太过马虎，总是出现小差错，如果他能改掉这个坏习惯，他一定会拥有惊人的成绩。

　　第二步：全面发掘自己。

　　仔细阅读你在上一个步骤中对自己的描述，你是否发现自己有些地方值得肯定，也有些地方亟须改进？例如，你处世不沉稳、目光短浅、马虎大意。

　　接下来，你应该"创造"一个全新的自己，如果你一时找不到方向和方式，不妨参考周围的亲朋好友，或是你崇拜的偶像，或是某个作品中你感兴趣的角色，看看他们是如何做的，然后，你可以选择一些需要改进的关键词，再对应写出每个关键词后他们的做法或表现，最后选出一些适合自己的引导自己改变。

优势	概述
魅力	轻而易举地展现出自己的才华，得到别人的赞赏。
智慧	具有很强的察言观色的能力，处理问题方式很周全。
热情	总是面带微笑，轻松地消除距离感。
坚持	即使遇到难题也会想办法克服。
活泼	总能给大家带来欢乐，和谁都能聊得来。
外向	从不拘束，大大方方。
善良	喜欢帮助别人。
宽容	能够容忍别人的过错。
好奇	喜欢探索和钻研。
勇敢	遇到挑战迎难而上。
谦虚	对自己的成就很低调。
谨慎	言行节奏缓慢，从不毛毛躁躁。

有了这个参照，你就可以进行"创作"了。描述一下全新的自己，尽量囊括自己在生活和工作中不同的表现。比如，在之前的描述中，你太过马虎，总是出现小差错，那么全新的你就应该是认真缜密、心思细腻，从来不会犯那些低级错误的人。接下来，尽量描述得详尽些，你是怎么表现出自己的认真，怎么做到的心思细腻，怎么避免犯小错误的。比如，你可以这样描述：每次准备会议材料，他总是一个人坐在那里，安静地对照材料整理文件，然后冷静分析各个环节该如何做，会前两小时，他会抽出 20 分钟来核对材料，以免出现疏漏。

同时，对自己的人生做出全新的规划：

1. 掌控自己的生活。现在的我年轻能干，而且能够妥善处理生活中的一切问题，即使有一天我老了，我也不会是一个可怜无助、生活不能自理的人。我要做到自己整理内务、自己打扫房间、自己照顾宠物、自己管理生活开支、自己为自己做饭，同时，还要按照自己的心意外出旅游。

2. 保持年轻的心态。即使和年龄比自己小的人在一起，我也要看起来比他们更年轻，因为我心态好，能乐观地面对苦恼，不会像他们一样把烦恼和担忧都写在脸上。我要关注时事，了解社会的动态，了解服装的流行趋势，还要对一些网络上流行的词汇有所了解……总之，不能活的脱离这个时代。

3. 积极锻炼身体。没有什么比身体更重要，即使是成就非凡的人，也得有好身体才能享受成就给他带来的荣誉和福利，没有了好身体，一切都没有意义。我要坚持每天抽出半个小时来锻炼身体，或者步行上下班，或者午饭后散步半小时，或者晚饭后做半个小时健身操，总之，我一定要坚持下去。

4. 尝试改变外形。我觉得一个人的状态与其外在条件有着密不可分的联系。一个肥胖臃肿的人总会带给人压抑感，一个肤色暗淡的人总是让人不愿多看。我要减掉身上的赘肉，换个适合自己的发型，为自己买几件舒适得体的衣服，要让自己感觉到清新活力。

5. 拥有积极的思维。我的注意力和思维不能全部放在工作中，我要分出一部分来关注自己的生活。在工作不忙的时候，我要看一些益智笑话，或者看看名人的博客，没事写写微博，时常让自己的思维跳跃到不同的领域，感受思考的奥妙。

6. 多读书。腹有诗书气自华。知识或许不能改变命运，但是知识能够改变一个人的品性和修养，不论在哪个领域，受尊重的往往是那些有学识、有涵养的人。我要多读书，不仅是与自己从事的工作有关的书，还要读一些提升气质、丰富知识、修身养性的书，使自己成为一个儒雅、知性的人。

接着，就该进行实践了，你用最少一个月的时间来扮演"创造"出来的你。尽量摒除以往不好的习惯和思维，按照"新自己"的方式来工作和生活，在实践中实现每个细节。一个月之后，试着给自己放几天假，做回原来的自己，这时你会发现，你已经适应了新的模式，而且你在这段期间受到很多以前没有听过的赞美，你的生活中处处都洋溢着正向能量，回到以往的自己实在是人生的退步。这样，你就逐渐实现了能量的挖掘和人生的转变。

不管怎么样，这些细致入微的细节描述会让你发现很多你曾经疏忽的地方，也许你之前并没有开会前再核对材料的习惯，但是通过这个描述之后，至少你会认识到你应该这么做。这些看似只涉及生活琐事的描述绝对会让你受益匪浅，帮助你激发内心的正能量，挖掘潜在的能量，实现你以前认为不能实现的目标。

为你的能量导航

能量有正负之分，需要用智慧来把握。微微一笑，你就会感受到欢乐；握住对方的手，你会发现对方更有吸引力；唱一首歌，你会发现生活更美好；紧绷身上的肌肉，你就会变得更有自制力。

你所发现的远远少于你未发现的。生活中到处充斥着正能量，只是往往被人们忽略了。用智慧润色生活，你会活得更精致。如何管理你的能量？如何积聚正能量？如何使你的正能量传播的更有技巧？这些都是需要牢牢掌握的基本技能。

下面这些方法，将为你的能量安装可靠的导航仪，使你的能量具备方向感。

1. 时刻掌控自己的意志力，做个意志坚定的人。

2. 有疑虑的时候不要拿主意，等待新的想法。

3. 培养镇静沉着的气度，没有什么可以扰乱你的小宇宙。

4. 始终保持热忱和高昂的状态。

5. 不要随意发火，要学会管理情绪而不是随意发泄。

6. 不要在生气的时候做决定，不要在高兴的时候对别人许诺。

7. 如果自己有鲁莽冲动的倾向，要学着修身养性，使自己成为一个平和的人。

8. 如果自己过分保守，则要培养当机立断的气度。

9. 永远不要做出不可能实现的决定。

10. 永远不要使大脑处于无政府状态，要养成持久的睿智，而不是时不时地睿智。

11. 不要轻易后悔自己做的决定，更不要随意更改自己的决定。

12. 始终给自己明确的目标，不要让自己的生活陷入混沌中。

13. 没有任何困难可以使你偏离既定的目标。"不可能"是使头脑呆滞的词。

14. 不要总是为已经发生的事情浪费情绪。

15. 有选择、有步骤地实现目标，永远保持理智。

16. 最明智的做法是根据现实采取应对措施，而不是不择手段地达成自己的目的。

17. 不要自乱阵脚。

18. 看不清楚的动机不要让它潜入自己的心里。

19. 永远不要使一种行动的动机与另一种动机纠结在一起。

20. 不要背叛相信你的人，即使你有难言之隐。

21. 对人对事要真诚，如果不能保证真诚，不要装作真诚。

22. 可以一箭双雕，但不能脚踏两只船。前者是经过仔细规划后同时实现多个目标的理想状态，后者是在选择目标时立场不坚定、不负责任的状态。

23. 认真接受别人的批评，不要急着反驳和辩解。

24. 听取所有人的忠告，然后根据自己对这些忠告的判断采取行动。

25. 不要吝啬赞美别人的言辞，也不必过于谦虚。

26. 不要使自己处于被动状态，能够掌握主动权时不要犹豫。

27. 如果你经常无法做出决断，那么要用当机立断的决心来激发自己的意志力。

28. 持之以恒的首要秘诀是有良好的开端，其次是不断回想最初的动机，保持向前的冲劲。

29. 受到挫折心灰意冷的时候，等待情绪重新振作再开始行动。

30. 对于你不看好的事情，不要急着去做，明确的方向可以避免自己的努力成为无用功。

31. 如果生活中存在困扰你多年的烦恼或恐惧，就直面它们，勇敢执著地、镇定自若地面对它们，直到你发现它们不过是"懦夫"而已。

32. 祸从口出，永远管住自己的嘴，不要说话不经大脑，更不要轻易针对某事或某人发表自己的观点。

33. 时常做一些益智游戏，不断增加难度。

34. 要守时，不管面对的是多么平庸的人。

35. 清楚自己的生物钟，这样可以使你的做事效率更高。

36. 无法集中精力的时候尽量不要与人交流，千万不要心不在焉地面对任何人。

37. 一定要清楚地看到所有可能的后果。

38. 深入思考的时候，一定要区分结果和动机；做出判断的时候，要从后果的角度考虑动机。

39. 在做出决定之前，尽量将可能出现的问题和困难严重化。

40. 在做出决定之后，尽量把实际出现的困难看轻，不要给自己压力，当然，在解决问题的时候切忌掉以轻心。

41. 如果一定要冒险，就选择那些对你有利的。

42. 学会联想，特别是对每一个细节背后的千丝万缕关系的联想。

43. 在权衡动机的时候一定要控制欲望，不要让欲望占据过重的分量。

44. 在考虑动机和后果的时候千万不要对自己撒谎。

45. 一定要记住，谎言使人丧失意志、灵魂丑陋。

46. 永远不要自欺欺人。

47. 面对诱惑要保持冷静。

48. 面对敌人时要保持微笑，不要轻易让对手看出你的想法。

49. 不要玩玉石俱焚这一套，和谐的人际关系能够为你创造效益，人脉就是钱脉。

50. 用最高尚的自我价值标准衡量自己的动机。

51. 把那些你认为与自己善良的直觉意识完全相悖的动机和行为抛到脑后。

52. 一旦责任与娱乐、舒适之间发生冲突，要多想一想责任。

53. 在利益与感情之间，要倾向后者。就算站在世界的顶端，身边没有人分享，也是徒劳的。

54. 培养乐观积极的情绪，使之成为根深蒂固的习惯。

55. 永远不要追随别人或者模仿别人。如果潮流让你无法抗拒，那就顺势有意识地想出新的观点和看法，开辟新的途径。

56. 在这个世界上，你是独一无二的，所以要尊重自己。

57. 给人期待，不如给人惊喜，不要轻易承诺什么。

58. 想哭的时候，先笑一笑，也许你就会发现眼前的事付之一笑更合适。

59. 不要为不值得的人和事情浪费生命。

60. 做自己的主人。

对所有的细节都深思熟虑、考虑周到是不现实的。所以，一定要在遵循正确原则的基础上养成良好的习惯。对自己的人生有明确目标的人很多，但不见得获得成功的都是这些信誓旦旦要实现目标的人。成功的人往往都很智慧，而智慧体现在生活中无非就是对生活琐事的成功打点和周全应对。因此，正能量与智慧是分不开的，要具备正能量，首先要配备智慧导航仪。

积攒不同的今天，兑换不一样的明天

　　正能量的提升需要一定的过程，不可能一蹴而就。这个过程也许伴随着枯燥和乏味，其中不乏无聊的重复，但是这个让自己倍感无奈的过程同时也是使自己收获颇丰的过程。每天练习一小步，用不了多久，你就会发现自己跨越了一大步，坚持下去，你会发现让自己惊喜的改变。

　　在进行正能量值提升训练之前，你要清楚地认识到以下几点：

　　1. 人是可以改变自己的，不论是外在还是内在。

　　2. 你需要每天坚持不懈地练习，这样才能拥有十足的正能量底气。

　　3. 在坚持一段时间之后（通常是三个月），你就会发现自己能够随意地调动自己的正能量。

　　4. 你要知道，你的进步是客观存在的，而不是自我安慰。

　　好，现在可以开始练习了。

　　首先，拿出一面镜子，站在镜子前，看着自己的上半身。你要目光坚定地直视镜子里的自己，脑海中想象着镜子里出现的是另一个人，你就这样对着他看。然后，你告诉他："我是个不折不扣的强者！""你不可能将我打败！没有谁能将我打败！"当然，在说这些话的时候，你要切实地将自己想象成一个你认为没人能打败的强者，然后底气十足地告诉他。

　　其次，认真地感受自己此刻的心理状态，并观察自己在此时的表情、嘴角的弧度、目光、语气以及肩部、胸部、腰等的状态，感受并记住这些，直到你能够在陌生人面前随意地展示此刻各身体部位的状态。

接着，你要找出一个你最不想面对、最敬畏的人，然后想办法使他成为镜子里的那个自己。认真地感受自己此刻的心理状态、表情、呼吸节奏、动作等，也许刚开始你会呼吸急促、心理波动，但是不要就此而止，坚持下去。直到你面对现实中的他的时候能够保持第一步里的镇定和气势。

这时，你要想象自己的心中有一个刻度杯，里边装的是你的正能量值，每次训练之后，你都想象在这个杯子里，正能量值正在一点点地上升。当你的正能量值已经达到杯子的顶端时，你的心中就会出现一个直径更大的刻度杯，这样，你的能力值就会无限增长。

这其实是一种积极的自我暗示，通过提升意识中的能量来增加对自己的期待，通过增加对自己的认同来鼓舞自己，使自己的内心深处和意识深处建立起一个强大的气场，逐渐地用这种气场指导生活中的自己，催生自己的正能量值。

在镜子练习之后，该进行具体实践了。练就强大的意识不是关键，关键是能在实际生活中用这种强大的意识指导自己，促进正能量值的上升。

例如，在求职的时候，在推开那扇决定你去留的门之前，你首先要调整自己的状态，然后再走进去。

心理状态：我相信我就是你们要找的那个人。（正如之前镜子练习里所感受到的那种十足的气场。）

身体状态：头部昂起、舒展肩部、挺胸、挺直脊柱、收紧腹部、提起腰部。

眼神状态：坚毅而自信。

语气：亲和、从容、镇定。

再比如当你面对客户的时候。

心理状态：你一定会同我签约的。

身体状态：头部昂起、舒展肩部、挺胸、挺直脊柱、收紧腹部、提起腰部。

眼神状态：期待、鼓舞、自信。

语气：柔和、自信、坚定。

不断地进行类似的训练，你会慢慢发现自己的进步，用不了多久，你就会发现自己已经成为一个内心强大、正能量值非常高的人。

当然，除了以上几个练习，生活中的你还需要经常给自己补充正能量知识：

1. 镜子练习中的那个从容自信的你就是真实的你，你还可以做得更好。

2. 每天都要进行不同的小练习，这样你就能够对一切变故应付自如。

3. 你要时刻关注内心的刻度杯，看看自己的正能量值是否在上升。

4. 在实践中，要充分发挥憧憬、渴望的作用。

5. 正如向日葵永远朝着阳光一样，人会本能地朝着有朝气的地方靠拢，所以一定要练就积极的自己，使自己成为传播朝气和能量的人。

6. 给自己的心灵补充充满能量的食物和知识。

7. 相由心生，一个人的心态往往会影响他的表情、声音、动作，甚至连外貌都会受其影响。

8. 一切成就都与坚持有着密不可分的关系，必须坚持练习提升正能量。

9. 人对积极思想的接受能力是惊人的，积极思想对环境的影响也是惊人的，所以拥有积极思想的人更容易收获惊喜。

10. 心灵练习贵在坚持。人可以随意改变自己一时的心理，但是要塑造美好的心灵，要真正培养有亲和力的气场，就必须持之以恒。

11. 当你培养自己的积极态度时，一旦开始，你的心之天平就越来越向积极的方向倾斜。

12. 语气非常重要。因为与人交流的成功有很大一部分取决于语气，我们所说的内容占 50%，而说话的语气占另外 50%。

13. 最有底气的呼吸模式是深而有规律的。

14. 高气场呼吸有赖于大的肺活量和强健的胸肺肌肉。

15. 收腹、提腰的练习能够激活太阳神经丛、骶神经丛，从而激发生命力。

16. 伸展练习可以提高生命力，而且这些练习随处都可以进行。

17. 最自然的呼吸频率能够让你在经历精神创伤的时候从紧张、恐惧、暴怒等状态中迅速回归平静。

18. 与人握手时要真诚。千万不要机械化地去握手，一定要融入感情，让指尖完全接触到掌面、再有力度地抖动，整个过程要生机勃勃。

19. 眼神能够传递正能量。

20. 打哈欠是一种生理现象，是人的身体在本能地恢复它的生命力。

21. 人和人之间身体能量的差异最集中地表现在姿势上，而姿势是生活习惯的结果。要保持强大的身体能量，所需要的只是好习惯。

敞开心扉，迎接正能量

微笑的人比皱着眉头的人更能感受到快乐。有实验显示，当一个人在没有任何情绪的情况下露出微笑的表情时，他会自然而然地高兴起来，体内的正能量成分也会变多。然而，在同样没有任何情绪波动的时候，如果将眉头深锁，情绪就会骤然下降，内心瞬间被负能量填满。所以，微笑被公认为是传递正能量的法宝，而愤怒则是稀释正能量的利器。保持微笑不仅能够使自己心情愉悦，还会使别人感受到积极的力量。

很多人都希望成为正能量强人，在点燃自己的同时照亮他人。当然，首先要了解自己拥有多少正能量。下面这个小测试会帮你了解自己的正能量值。

1. 你很清楚自己想要什么?

A. 非常清楚。

B. 每个阶段我追求的东西不一样。

C. 有时候很清楚,有时候又很迷茫。

D. 不清楚,总是在别人提醒我的时候才意识到自己应该要什么。

2. 当很多负面思想占据你的头脑时,你会:

A. 立刻用正面的思想去替代它们。

B. 不太理会,因为这些想法会自然消失。

C. 顺着思路想下去,直到负面情绪占据整个大脑。

D. 觉得生活都黑暗了,无法承受这种困扰,甚至会大哭一场。

3. 你用什么方法觉察自己的负面情绪?

A. 通过注意自己的肢体动作,当肢体出现不寻常的举动时,我就知道自己的情绪很不稳定。

B. 通常都是别人注意到我不对劲,或者在询问我时我才意识到自己出现了负面情绪。

C. 我对自己的情绪变化没有太大感觉,总是听之任之,不会刻意在乎或干扰自己的情绪。

D. 从来没有注意过,即使察觉自己有负面情绪也没什么大不了的,任何人都有负面情绪。

4. 通常你会选择什么样的途径来放松心情?

A. 听一些喜欢的音乐。

B. 看一本自己喜欢的书。

C. 玩游戏或者逛街。

D. 冥想或者睡觉。

5. 你要和一个自己非常讨厌的人一起完成一项任务,这项任务恰巧关系到你的前程,你会怎么做?

A. 公事公办,不会因为私人问题影响工作,尽量心平气和地一起完成任务。

B. 虽然心里很不情愿，但表面上不动声色。

C. 在过程中百般挑剔、刁难对方，不允许对方占据主动权。

D. 即使以后会后悔，也不会和这个人合作。

6. 休息时间，你接到上司的电话，他说让你立即赶往公司，有重要的事情和你说，你会有什么想法？

A. 有事情想到我，说明上司器重我，我要好好表现。

B. 休息时间被打扰真郁闷，但也许是对我有益的好事，还是积极点吧。

C. 会不会是什么坏事或者上司有什么见不得光的事要我办，还是找个借口推了吧。

D. 会不会是我哪件事出了纰漏，把我叫过去批评我，让我弥补过失。

7. 面对别人的批评或负面评价，你的心态是：

A. 很重视别人对自己的评价，也会听取别人的意见，有则改之，无则加勉。

B. 自己可能会有对方说的那些缺点，但不排除有他的个人偏见在里边，不必太在意。

C. 表面上装作虚心接受，但心里十分不高兴，而且很讨厌对方。

D. 当场与之理论，一定要证明自己并不是对方所说的那样。

8. 你对金钱的态度是什么？

A. 金钱是一种能量，如果你会正确地使用它，它会为你带来意想不到的收获。

B. 金钱很重要，但是如果和健康、家庭、朋友等比起来，就显得微不足道了。

C. 我对钱没有太多概念，也不是很在乎钱。

D. 金钱会腐蚀人的灵魂，是罪恶之源，很多犯罪事件都源于利益纠纷。

9. 当你很在意的事情出问题时，你会怎么想？

A. 我创造了这个问题，我可以赋予它任何意义。现在我要将它转化，并从中获取积极的力量。

B. 这个问题出现得太突然，我需要一段时间来接受它。

C. 出现问题我也有责任，但是我也不想这样的。

D. 都是因为某人才会变成现在这样，我只是个无辜的受害者。

10. 对于未来，你的态度是：

A. 我相信以我的智慧和能力，我的未来一定很美好。

B. 虽然不确定未来会怎样，但是我要尽量做好每一件事。

C. 未来太遥远，也不是自己可以预料的，走一步算一步吧。

D. 像我这样的人，运气这么差，还有什么未来可言，能过好今天就不错了。

评分标准

每道题选 A 得 6 分，选 B 得 4 分，选 C 得 2 分，选 D 不得分，将总分相加，然后对照下列分析。

测试分析

46～60 分：你的正能量值非常高，生活中的你常常精力充沛，热情洋溢，散发出不可抵挡的正能量，在你身边的人都会受你的鼓舞，对生活拥有积极的态度。你不但善于解决自己遇到的问题，还能够帮别人化解矛盾，因此是个传递正能量的使者。

31～45 分：你的正能量值还算乐观，但是已经显现出一些衰退的态势，也许是太多不尽如人意的事情让你有些悲观，但是这并不要紧。只要你能够积极地吸取正能量，引导自己走出低谷，你还是以前那个正能量超人。

16～30 分：你的正能量值处于偏低状态。这种情况对你来说有些不利，如果任由这种态势发展，你对生活会逐渐消沉、懈怠，甚至会失去对生活的掌控，你的情绪也会随之陷入低谷。趁着你还没有完全陷入消极的情绪里，立刻进行正能量练习，争取在最短的时间内调整好心态，这样才是对自己负责。

0～15 分：你的正能量几乎消失殆尽，这已经严重影响了你的身体及精神健康，给你的生活及工作带来了很多麻烦。现在的你需要调整状态，多接触那些乐观且自信的人，感染他们身上的正能量，多参加户外活动，保证饮食营养，多交些朋友，接触一些积极向上的影视作品，尽快使自己的生活步入正轨。

缺乏正能量会使人失去斗志，影响生活质量。正能量的减少意味着负能量的增加，如果不加以改善，生活终会演变成噩梦的滋生地。如果你对自己的正能量真有些担忧，想提升自己的正能量，那么就进行以下两个练习吧：

首先，尽量大声地、有感情地、发自内心地朗读以下句子，记住每个字都要清晰明亮，掌控好你的语速，尽量放缓，读完一遍之后，调整一下呼吸，再接着读，直到你觉得这些话都是你生活中真实的部分。

1. 今天我的状态特别好。
2. 我觉得我是一个积极、乐观的人。
3. 周围的人对我都很友好，这让我十分欣慰。
4. 只要我认真钻研一件事情，我就一定能成功。
5. 此刻我精力充沛，任何压力在我面前都可以被忽视。
6. 我有很多好朋友，这是令我非常高兴的事情。
7. 即使我陷入困境，也会有很多人伸出双手帮助我。
8. 今天的我做事效率特别高。
9. 生活真美好，一切都充满生机和活力。
10. 我是个非常有创造力的人。
11. 我总能轻而易举地掌控自己的生活。
12. 当我失落的时候，总会有人为我点一首我爱听的歌。
13. 我一直都是个值得信任的人。
14. 在朋友中，我总是那个能够带给人欢乐的人。
15. 我很享受我的生活。

刚开始，很多人会不适应这种朗读模式，但是坚持一段时间，就会觉得内心充满正能量，并且长期坚持下去。

接下来，试着声情并茂地、感情丰富地朗读下面这段话。你可以想象自己正在和一个好朋友通电话，你精神饱满地向他诉说这一切：

你不知道，此刻的我心情多么愉悦！今天是我的生日，你一定猜不到发生了什么。一个平时关系一般的朋友突然打电话邀请我去他家做客，一进门，我居然发现他为我准备了一个生日派对！每个人都微笑着，大声地对我说："生日快乐！"这简直让我觉得不可思议。在派对上，有的朋友为我唱歌，有的朋友为我表演魔术，总之，几乎每个人都用自己独特的方式给我生日的惊喜。他们为我订制了一个非常精致的生日蛋糕，还给了我很多礼物，我们一起唱生日歌，一起许愿，一起吹蜡烛……我永远都不会忘记这一天，这个生日，我真的为自己拥有这么贴心的朋友感到高兴！

或者，可以换成其他你一直期望的事情，将它们大声朗读出来。当你进入状态后，你会发现自己心情越来越激动，整个人都充满了力量。

闭塞的心门只会将正能量拒之门外，只有敞开心扉，正能量才能源源不断地流入你的生活。

第二章

正能量练习（一）：完善思维模式

　　成功人士与平庸人士的一个重要区别就是，前者有自己的判断力，而后者则是机械地采取行动，做着自己被告知的事情，就像时钟一样需要让人拨转和上紧发条。教育的最大意义不在于为人们传授了多少知识和技能，而在于让人们学会了如何去掌握和运用知识、技能，如何突破、创新。

让思维接收最强的正能量信号

穆罕默德曾说过："谁为善求情，谁就分享善端；谁为恶求情，谁就承受恶果。"这句话看似因循了因果报应的原理，事实上体现的是协同作用。

思维具有协同作用，当你的意识中充满积极的想法以及正向的价值观时，这些观念会不断地裂变，这种内在的增长和复制在不知不觉中会渗透到你的一言一行中，这样，你的言行就会透露正向的能量，这种影响会逐渐波及你身边的人和事。所以，要想让自己的人生充满正能量，首先要让思维充满正能量，接下来的训练可以帮助你完善思维，让思维接收最强最好的正能量信号。

1. 拥有一套"以不变应万变"的原则。曾经有人调侃："这是一个挑战教养的时代。"确实如此，生活在这个瞬息万变的时代，人们的人生观、世界观、道德观时刻都在受影响，没有谁能保证用一成不变的思维思考问题，更没有谁能保证将私心控制在最初的小范围内。如果你能建立起属于自己的行为准则和稳固的价值体系，那么你的生活会更简单一些。有了明确的思维底线和行为界限，你在遇到问题、面对诱惑时会更容易做出选择。如果你的原则是"少说话，多做事"，那么在工作中，你会更加踏实沉稳，遇到容易引起热议的问题时，你也会因为守口如瓶而避免陷入争端中。

2. 选择正能量的关键词。在面对问题时，人们的思维中常常会涌现出一些词汇，这些词汇会在无形中左右你的意识和言行。将那些充满正能量的词汇作为你思维库里的关键词，将它们作为你道德、精神的基石。

例如，你列出如下词汇：

诚实、善良、果断、正义、热情、谦逊、公平、团结、细心、坚韧、坚持、理解、包容、责任、平等、明智、沉稳、感恩、朴素……

从中选出 5～8 个作为你思维库中首要的关键词，时不时地在脑海中温习这些词汇。比如，你在着急上班的路上遇到一位滑倒的老人，一方面你赶时间，另一方面，由于各种负面的社会新闻，你对"搀扶老人"一事望而却步，如果这时候你能想到"热情""善良""责任"等词汇，那么你就会履行一个公民最基本的义务——尊老爱幼。毕竟"问题老人"只是个别案例，大多数人都是正能量普及下的良好公民。

3. 绘制自己的思维导图。根据上一步中所选择的关键词展开联想，将这些词汇及由这些词汇产生的联想绘制成一个有中心、有重点、有关联的图形，可以是树形图，也可以是圆形图，将关键词作为圆心或重点，绘制出向四面辐射的分支线条，记下每个词汇的联想词，然后在你认为非常重要的那些词汇处做出标记。

4. 审视你的价值观。富兰克林曾经说过，人类绝大多数的错误都是由于对价值做出错误的判断而导致的。价值观对个人的渗透力是不容忽视的，在不同价值观的作用下，人们会选择不同的处世方式，拥有不同的人生态度，进而会拥有不同的成就。仔细评估你的价值观，或者跟亲友讨论你的价值观，这样你会对自己有更全面深刻的了解，你的价值观也会更科学合理。

5. 在实践中检验自己的思维观念。人具备社会属性，因而其言行也具备一定的社会影响力。时刻通过别人的反应来关注自己的言行带来的影响，认真思考自己的思维模式是否还存在缺陷，存在多大程度的缺陷，如何尽快修补完善。

6. 扫清"思维障碍"。人们常常会囿于狭隘的思维中不能自拔，比如你总会想到曾经做了一件让自己非常懊悔的事情，或者曾经出过一次令自己尴尬无比的丑，这些琐事一直萦绕在你的脑海中，困扰着你，让你每当想积极地面对这个世界时都会被这些消极的思绪打消念头。你要学着排遣这些思绪，不要为一件已经无法改变的事情烦恼，修正这个不必要的错误习惯，坦然地面对自己的人生，多想想自己辉煌的一面，也许你会更轻松些。

7. 寻找精神榜样。从古今中外的名人中找出几个作为自己的精神榜样，英雄也好，枭雄也罢，天才怪才都无所谓，只要是你崇拜的都可以。但是记住一点，不要只关注他们思考问题时的偏激和执拗，要多学习他们思维模式中的闪光点。你可以崇拜一个枭雄，但是不要专注于他的杀伐决断和奸诈无情，要看到他思考问题时的细致入微和处理问题时的英明神武。在实际演练中更不能照搬别人的思维精髓，可以万变不离其宗，但绝不能千篇一律。

8. 相信自己。自信是对自己的肯定和鼓舞，更是对别人疑心的"示威"。积极寻找健康的思维观念，让正能量在思维中扎根，主动清理思维垃圾。积极接受别人的建议，但是要有选择地采取，只有经过内化的思维才能占据意识的主流，才能经得起考验，只有自信的人才能光芒四射。

有了正确的方向，思维训练才会收效显著。随时调整信号塔，为你的思维寻找最健康、最积极的信号，为你的人生补充源源不断的正能量。

让正能量成为思维的永恒色

思维之于人生正如同颜色之于物体，人们对衣服、饰品等的选择在很大程度上受其颜色的影响，而人们对某件事的选择和处理也受其思维的影响。所以说，思维是人生的着色剂，是选择的发源地。不同的思维会为你的人生真涂不同的颜色。那么，你的思维是什么颜色的呢？这种颜色又会冷你的人生渲染成什么颜色呢？这种颜色暗含着哪种能量呢？你可以通过下面的小测试找到答案。

1. 在完成一项任务时，你遇到了一些困难，于是你向同事请教，同事帮你解决了问题，同时为你提供了一些建议，这时，你会觉得：

A. 有点难过，同事一定会觉得我很笨，否则不会为我提供建议。

B. 很高兴，同事热情地帮助我，我有一个很好的工作氛围。

C. 在工作中我确实需要帮助，尽管承认这个事实对我来说有些痛苦。

D. 很满意，同事回答了我所有的问题，我们谈得很好。

2. 年终考核，你的业绩不是很理想，你的第一感受是：

A. 我真是个笨蛋，永远都落后于人。

B. 这次考核的标准过于严格，衡量不出我的真实水平。

C. 这次的考核结果让我很难受。

D. 我要总结一下落后的原因，以便下次加以改进。

3. 节假日，周围的朋友都有约会，只有你一个人独处，你当时的心情是：

A. 很伤感，也许自己太没有魅力了，连朋友都交不到。

B. 没什么大不了的，只要我想出去玩就有人陪我玩。

C. 为节假日独处感到失望和孤独。

D. 单独过休息日也没什么，大概每个人都会有这样的经历。

4. 你一个人在家里不免胡思乱想，忽然想到白天有人夸你的气质很好，你认为：

A. 我长得不漂亮，因此别人也只好出于礼貌夸我有气质了。

B. 我其实还是有魅力的，没有得到邀约只是别人没有发现我的优点罢了。

C. 即便我的外表看上去不错，但我仍然没有吸引人的内在。

D. 对自己的容貌气质都很满意。

5. 你要去应聘一个职位，尽管准备了很久，但在最后一轮面试中仍被淘汰，此刻你会：

A. 感到很沮丧，觉得世界一片灰暗。

B. 无所谓，反正这个职位自己也不是很满意，也许接下来会有更好的选择。

C. 很郁闷，想知道究竟是谁被选中了。

D. 设法忘记这件事，觉得自己已经尽力了，没有遗憾。

6. 应聘失败以后，你开始认真总结经验，你认为：

A. 我总是失败，大概我真的是能力欠缺。

B. 这并不是我的过错，我觉得自己很好，只是招聘者恰巧不喜欢我这样的类型。

C. 我感到很难过，但慢慢会好起来的，我会继续寻找合适的机会。

D. 尽管失败了，但这是一次有益的经历。

7. 一天你和交往不久的恋人约会，对方情绪不太高，还有点心不在焉，此刻你的念头是：

A. 我一定非常无趣或者对方不喜欢我了。

B. 对方总是这样，不过管他呢，我高兴就可以了。

C. 我为不了解对方而感到难过。

D. 可能是发生了什么让他烦心的事情吧，也许过段时间就好了。

8. 你问对方是否有心事，对方回答是有点不开心的事，但是没有继续说下去，不过对你的关怀表示感激，这时你会想：

A. 他并没有把我当成可以谈心的人，所以他不愿跟我多说什么。

B. 对方肯接受我的关心，我想我还是能让他感觉到舒心或者安慰的。

C. 我摸不透他在想什么，这让我心烦，尽管我知道了解一个人是需要过程的。

D. 任何事情都可能成为他不开心的理由，我虽然不知道究竟是什么造成的，但他肯接受我的关心还是让我感到欣慰。

9. 工作后，你在一次报告中阐述了自己的观点，并提出了自己的方案，大家听得比较认真，并提出了一些问题。由于时间关系，其中一个较难的问题你没能很好地解答，事后，你对自己的发言感到：

A. 我希望得到所有人的认可，但可惜没有，恐怕我的表现给别人留下了很糟的印象。

B. 即使有点小遗憾，但我显然做得比其他人好。

C. 我有点失望，因为并没有人夸我做得好。

D. 按自己的标准和水平，我觉得自己的表现已经很不错了。

10. 关于你的方案是否会被采用，你觉得：

A. 我在会上表现得不好，关键问题回答得也不尽如人意，恐怕不行。

B. 我很乐观，因为我总是很幸运。

C. 恐怕不行，别人的方案也都很优秀。

D. 应该可以，我看很多人对我还是很满意的。

测试分析

选择 A 比较多：你是灰色思维。如果将人生分为不同的功能区，那么你在每个功能区内首先看到的将是这个区域内的背光面。这并不代表你遭遇的挫折比别人多，只是在面对问题时，你会本能地为自己寻找逃避选择和挑战的理由，因为如果生命以一种竞赛的形式呈现在你面前，你会被焦虑和紧张牢牢地控制。正如你的思维特征，你的脑海中总有一片挥之不去的乌云，其实你的人生并没有那么多波折，只是你对挫折的恐惧在无形中放大了这些正常范围内的难题。有这种思维习惯的你，最好试着转换一下观察的角度，同一件事情，也许转过身来，你就会看见阳光的一面。

选择 B 比较多：你是红色思维。你的内心充满热情激进的红色因子，拥有充分的正能量，你乐观积极，将生命视为一个值得慢慢回味的享受过程，你喜欢新鲜和刺激，憧憬生活中多一些挑战和不平凡，而且你的思维非常丰富，能够以幽默的方式来理解自己内心的奇特想法和生活中的新鲜事。你的乐观似乎是与生俱来的，但是正因为如此，有时候你难免会过于主观地看待问题，总是把一切理想化。同时，反应敏捷的你还是一个天生的交际高手，你总能适时地活跃气氛，恰到好处地完成使命。中国人将红色定义为吉祥如意的代表色，因此，你的人生将是一路凯歌唱响，沿着幸福的轨迹前行。

选择 C 比较多：你是蓝色思维。蓝色是公认的忧郁的代言色，其实，多数人不知道的是，蓝色还有另一个主要方面，那就是严谨和理智。拥有蓝色思维的你敏感而细腻，思想深邃，具有很强的独立思考能力。同时，你是典型的民间高手，即深藏不露，你对生活诸事的标准都有严格的要求，虽然表面上你谦恭礼让，但内心深处你却是一个坚韧执著的人。具有这种思维的你，人生将沿着稳中有升的轨迹前行。

选择 D 比较多：你是绿色思维。绿色给人以生机盎然的感觉，如同你生命中的能量永远都用不完，绿色思维的人总是能够带给人祥和、清新、愉悦的感觉。在别人眼里，你一直是一个心思灵活、能够见机行事的人，在同辈中你的身影颇为突出。拥有绿色思维的你，人生将会机遇不断，因此选择也不断。除了兴趣爱好，在面对选择时你更应该考虑时机、环境等现实问题，以免将自己送入麻烦之中。

思维模式往往是自发的，我们通常意识不到，却时常在其轨道之下生活。之所以同样资质、同样环境和同样条件下的人会拥有千差万别的表现和生活，就是因为思维模式不同。属于乐天派的人往往总是能够逢凶化吉，其实是因为他们身上的正义和活泼感染了身边的人，使事情向完美的方向转变。因此，不论你的思维是什么颜色，都不要忘记融合正能量的成分，让正能量成为你思维的永恒颜色。

教你做个"明察秋毫"的思维达人

眼睛是心灵的窗口，而观察力则是思维的门户。观察力是智力体系的一部分，指大脑对客观存在的观察能力，比如对事物的外形、颜色、变化走向等进行观察，以此为思维的形成提供资源。

敏锐的观察力能完善人的思维模式，因为对事物的精准观察有助于形成正确的认知，做出正确的判断，所以，想要拥有缜密、成熟的思维体系，必须先从观察力练起。

练习1：

在房间里或者室外找到一样东西，比如一个盆景或者一个广告牌，将注意力集中于这件物体上。静静地盯着它，身体保持放松，眼睛自然眨动，不必过于紧张。接着，思考以下这些问题：

这个物体的尺寸大概是多少？

目测一下你与它的距离，或者它与周围其他物体的距离。

注意它的外形，看看它与附近其他物体的外形有什么区别。

认真观察它的颜色，是否与周围的环境相协调？如果是，那又是一种怎样的协调感呢？如果不协调，又是什么原因造成的呢？

辨识它的质地，它是用什么材质制成的？它真正的用途是什么？是否起到这样的作用了？如果加以改进，在哪个部位改进比较好？如何改进更合适？怎样能实现这些改进呢？

在对这些信息进行思考的时候，让大脑紧紧围绕着这些相关问题运转。或许在初始阶段你会觉得有些困难，但经过反复的练习，大脑就会自然而迅速地对这些问题做出反应。现在，将视线从这个物体上收回，动笔将所有你能想得起来的信息写下来。

以同样的物体为目标，重复这一练习 10 天，其间可以休息 2 天，可以选择连续练习 7 天，在第 8、第 9 天休息，然后在第 10 天继续观察这一物体，看看你是否取得了进步。在这一练习中，要注意时刻让你的思维运转，不要偷懒。

练习 2：

匀速在摆放很多物品的室内行走一圈，边走边留意室内的摆设，尽可能多看、细看，然后走出房间，将房门关上，将刚才在室内看到的每一件物品写下来，如果可能，尽量写得详细一些，如桌子上有一个花瓶，是玻璃做的，花瓶大概 20 厘米高，是白色的，上面有淡绿色的小圆点……在写的过程中，要凭借回忆而不是联想。为了增加训练效果，最好选择一间你从未去过的房间。

与上一个环节一样，重复该练习 10 天，其间作适当休息，在第 10 天的时候看看你是否有进步。在这一练习的最后，重新走进你的房间，仔细地看一遍你一直以来没有注意到的东西。估计一下你出现错误的概率。

练习 3：

找 25～30 颗大小适中的大理石石子，其中约 1/4 是红色的，1/4 是黄色的，1/4 是绿色的，余下的是白色的。将它们放到一个敞口的盒子里，然后将各种颜色的石子混合在一起。接下来，用双手迅速抓起两把石子，然后放手，让这些石子同时从手中掉落到桌子上。等它们全部落下后，迅速地看一眼这些石子，然后转身背对桌子，将各种颜色的石子数目凭记忆写下来。

重复这一练习 10 天，其间作适当休息，在第 10 天检查自己的训练成果。

练习 4：

找 20 张边长大概 2 厘米的正方形纸片，在每张纸片上写一个字母，字迹要清晰，一眼能辨出。将有字母的一面朝下，分散放在桌面上。拿起 10 张面朝下的纸片，然后快速地将它们翻过来分散放在桌面上，尽量使它们分散些。接下来，在最短的时间内仔细看它们一眼。然后转过身去，根据你的记忆把你所看到的字母都写下来。紧接着，用另外 10 张纸片重复这一练习。

每天做这样的练习 3 次，重复 10 天，其间休息 2 天，在第 10 天的训练中注意观察你的后续练习与第一次练习相比是否取得了较大的进步。

以上 4 项练习每天都要做，并且至少要坚持 10 天。如果能长期坚持练习并适当增加练习的强度最好，你的观察力和记忆力都将得到极大的提升。

练习 5：

集中精力，睁大你的双眼，认真观察你视线范围内的所有物体，尽量不要转动眼珠，但可以眨眼，坚持 10 秒钟后，低头将你能想起来的物体的名字写下来，同时将它们的方位记下，如花盆在电视的左侧，鱼缸在餐桌的右侧。

重复 10 天，其间作适当休息，正如之前的练习节奏一样，每次进行这项练习的时候，在同样的位置以同样的方式向同样的方向看去，在第 10 天看看你的进步有多大。在后续练习中，可以适当改变观察的位置、角度。

练习 6：

你是否玩过一个游戏，叫"大家来找碴儿"，即对比观察同一平面内的两个物体（可能是两个房子，也可能是两幅风景画），然后寻找两者之间的细微差别，如颜色、形状或者某个附属小物品，观察的越细致，能发现的差别就越多。这个游戏就是充分运用了观察力的程度来设定每一关的级别的。

现在，找两个相似却不相同的物品，比如放在花瓶里的两束康乃馨，仔细观察它们的大小、形状、颜色、根茎的粗细、叶子的数目……有什么不同，然后闭上眼睛，争取将这些差别一一在脑海中列出。

这种对比观察能够在锻炼瞬间观察力的同时锻炼分析和判断能力。敏锐的洞察力往往与分析和判断能力有着密不可分的关系，这就要求在观察事物的同时仔细辨别事物的真实面貌，区分事物之间的区别，留心每个事物的呈现方式和各种事物的复杂组合，在对比甄别的基础上加以观察。坚持这项锻炼，最好每天抽出 10 ~ 20 分钟来练习，坚持一段时间，看看你的观察力是否有了明显的提升。

长期坚持这些练习，或者进行一些类似的练习，不失时机地锻炼自己的观察力，使自己成为一个"明察秋毫"的人。

完善思维模式的读书之道

黑发不知勤学早，白发方悔读书迟。
发奋识遍天下字，立志读尽人间书。
鸟欲高飞先振翅，人求上进先读书。
……

可见，读书自古以来就备受推崇。不论在哪个时代，知识改变命运的案例都层出不穷，读书不仅能使人增长知识，更能改变一个人的思维模式。正能量的人生需要源源不断的知识流入，这样才能够保证在正确的认识、科学的思维下丰富自己的生活。

朱熹曾经说过："读书有三到，谓心到、眼到、口到。"读书的目的不在于是否能博览群书，而在于是否能通过读书使自己学识渊博。读书是一门艺术，是心灵和头脑相互协作的艺术，而不是一种忙里偷闲的消遣。只有精通读书之道的人才能够深谙人生之道。

那么，怎样才能使自己通晓读书之道呢？怎样才能在读书的过程中完善思维模式呢？怎样才能通过读书积聚人生正能量呢？

首先，必须绕开读书的误区。"书山有路勤为径，学海无涯苦作舟。"话虽如此，可是在有限的人生内，在有限的休息时间里，想要饱览全部书籍、学习所有的知识是不现实的，走马观花式的读书和心不在焉的阅读往往只是浪费时间，所以要想学到真正的知识，必须绕开读书的误区。第一，不要盲目读书。书本贵在内涵、贵在价值，那些对自己的健康和生活无益的书籍要远离。第二，不必附庸风雅。很多人为了读书而读书，流行什么书就买什么书，或者仅仅为了无聊的虚荣心而去读些自己不懂的领域的书籍。第三，不可心不在焉。除了为休闲放松而随意翻看一些供消遣的书籍外，在为获取知识而读书的时候一定要心无旁骛，仔细认真，心不在焉地读书还不如不读。

其实，读书的过程是多种机能共同参与的过程，首先需要视觉或触觉的参与，其次要经过思考，最重要的还是要有注意力、理解力和记忆力的参与。接下来，就介绍一些有益于阅读能力提升的训练。

1. 选择。挑选一本好书。读书之前要对阅读对象进行观察，看书名，然后根据书名设想一下这本书的主要内容，一般的图书都在标题和副标题处高度概括了图书的内容和方向，接着大致浏览一遍前言和目录，对书的宏观方句和整体框架有个基本的了解，看前言表述的内容是否符合你的心理预期，框架设计是否科学完整，审视这本书的宽度和深度，判断它是不是符合你需要的书。另外，还要留意作者的姓名，对作者的生平简介、相关出版物以及他在写作领域、文学或相关学科领域的地位，对其作品的内涵有大致的揣测。接着，要认真阅读书的前25页或者第一章。如果在这一部分，你没有读到任何新颖、有价值或有趣的内容，或者这本书的前一部分完全没有带给你享受阅读的感觉，那么这本书很可能不是你要找的那本。

2. 精读。如果时间允许，可以先速读一遍，再精读，然后再通读一遍。如果时间有限，可以直接精读。对书的内容的理解要深入到每一句话，具体到每一个词汇、每一个字。如果你读的是教辅类的书籍，比如写作指导方面的，你要回想一下书中的某一句话，例如第一句话。在这句话中，找出句子的各个成分，比如主语、谓语、宾语，然后将注意力集中在每个词汇上，看自己是否能对词汇有明确的概念，然后再重读一遍由这些词汇构成的句子，再从句子延伸到一段话……之后，试着以解说者的方式，将所读的内容转变为自己的话。

比如你读的内容是如何设计文章的大纲，那么现在你就要试着将你领会到的设计文章大纲的具体方式通过自己的话表述出来，可以引用书中的某个词汇，但要有重点、有补充、有拓展，试着对别人讲述这段话，看看他们是否能领略核心部分，他们领略的内容与原书中介绍的方法是否一致。如果你读的是故事类的书籍，那么你就要试着将某一个故事或某一个情节表述出来，尽量脱离原书的内容，尝试用自己的方式、自己的词汇来表述，如果是长篇小说，就要在重复每一章节的主要内容之后，将所有章节串联起来，把整本书的故事情节生动地讲出来。如果你能成功地转述原书的内容，并在此基础上融入自己的观点，丰富原书的内容，那就说明你的阅读训练颇有成效。

3. 联想。在阅读过程中，保持注意力的集中只是最基本的要求，读书要用心，同时还要动脑。在看书的时候，眼睛注意到的内容往往要超过心中默念的内容和大脑正在接受、思考的内容，正因为如此，读书者要学会将很多大脑还未跟上的朦胧的观点与已经接受的读过的部分连贯起来，在大脑中构成清晰的图像。同时，为了保证内容真正被领会，还要不时地停下来，将脑海中的图像分段拆散，认真回味每个构成部分。这就要充分发挥思维的作用，通过对个别环节的思考与反馈，用理解的信息绘制成一个有细节、有重点、有宏观的图像。请试着根据下面一句话的内容加以联想：

一只白色的小狗叼着骨头跑在大街上。

首先，要知道主语是"狗"，而且是"小狗"，数量只有一只，它此刻在"奔跑"，伴随状态是"叼着骨头"，地点状语是"大街上"。其次，检查你脑海中所展开的联想，是否忽略了哪个环节，例如狗的颜色、叼着骨头。最后，重新整理一下信息，再加以联想。

有句话说得好，如果说不清楚、想不明白，那就说明你没有懂。这个练习方式非常有效，能够充分锻炼思维的及时性、全面性、准确性、完整性。

4. 标记。在读到你认为重要的部分时，以自己喜欢的方式标记下来，比如画下划线，这样会加深大脑对这部分信息的加工。另外，对于你感到困惑的部分，要积极利用工具书检索，不要忽略大脑中的任何一个疑点，即使有些部分书中有索引和注释，也要试着以自己的方式加标记。需要注意的是，尽量保持标记的整洁清晰，给自己一个好的阅读视觉效果。

5. 朗读。尽量大声地朗读，在脑海中默默地记下作者提出的重点部分，可以把它们写下来。可以对有疑问或者感兴趣的地方展开联想，比如这部分让你来写，你会匹配什么样的情节，或者选择什么样的表达方式、写作手法，或者你会怎样设置章节顺序，尽量保持并继续这样的练习，充分锻炼思维的创造力。

6. 交流。找适合的对象探讨你所读的内容，最好是有独到见解的人。可以就整本书的核心思想展开讨论，也可以就某个环节，如作者的性格、创作背景、情节安排等提出自己的意见，仔细思考别人的观点和评价，不管是正面的还是反面的，都要认真分析。"三人行，必有我师焉"，这个环节会给你一些灵感和顿悟，以及一些思绪上的拓展，会让你受益匪浅。当然，观点交流要在熟悉书的内容的基础上进行。

读好书，不仅可以理解为读一本好书，还应该理解为将书读懂、读透。根据培根的观点，读书可以陶冶性情、提高修养，还能有效地锻炼思维能力。只有健康的读书方式才能练就健康的思维，从而使人们拥有健康的观念，打造健康的人生。

勤思考不如会思考

思维的强度取决于思考的深度。真正的思考应该囊括集中的注意力、敏锐的洞察力、出色的记忆力和深刻的理解力。连贯而清晰的思考能力是错误和失败的克星。勤于思考的人总是能找到出路，而善于思考的人总是能更快地找到更好的出路。所以，想要拥有积极而高效的人生，首先要学会科学的思考方式。

1. 就一句简单的话进行思考。集中精力于这句话上，不要被其他的事物打断思绪。比如，人类是智慧的。从你所能想到的任何方面思考这句话。人类真的智慧吗？人类的智慧体现在什么地方呢？人类究竟有多智慧呢？人类的智慧有什么价值呢？你是否相信智慧能改变命运？作为意识形态的存在，智慧的程度究竟该如何衡量呢？如何科学地区分人们的智慧呢？智商是否能全面地反映一个人的智慧水平呢？智商与情商有什么关联？在思考的时候，要理清思路，争取回答完一个问题后再思考下一个。要争取在最短的时间内回答完整。虽然要不时地加以联想，但要保持思考内容不跑题。

持续这项练习，最好每天都进行，如果有精力，可以把每天思考的问题记录下来，看看自己的分析能力和理解能力是否在提高。持续三个月以上，你会发现自己拖延、懒散的坏习惯有了明显的改进，思考问题也更加全面。

2. 就一个场景进行思考。假设此刻你正骑马经过一条乡间大道，无意间，你抬起头看了看周围的风景，你发现风景非常迷人。那么哪些东西让你着迷呢？为这个问题想出一个答案。接下来就风景进行思考。何谓风景？把这个问题考虑清楚。然后继续问自己，这里的风景属于哪一类的风景？观察风景大致的构成和突出的特点，它有什么突出的特点使你觉得它非常迷人呢？接着观察细小的地方，看看这些细节有什么独特的美感？这些美观的细节对整个风景而言起着什么样的作用？怎样改进会使眼前的风景更别致？随着马蹄声展开这些思考，在前行的同时注意风景的变化，在变化的风景中继续你的思考。

可以在晚上入睡前开展这项训练，也可以在早上醒来后，尽量想象一些能让你心情愉悦或感到身心轻松的事物。坚持这样的练习，你的随机思考能力会更具灵活性。

3. 就一件事情进行思考。生活中总会有这样那样的事情发生，有些平淡无奇，有些千奇百怪，随便什么样的事情都可以拿来深入思考。比如，今天上司对你说公司有可能会安排你去 A 城市出差半年，别的什么也没说。那么你可以就这件事全方面地思考，首先，要考虑这件事成为现实的可能性。为什么会有这样的打算？为什么要让我去呢？上司对我说这话是否别有用意？是否在试探我？除了我是否还有别的预备人员？会是谁呢？A 城市的发展怎么样？去了那里我该如何接洽工作事宜？我应该向谁咨询内部消息？应该询问谁的建议？去了那里对我的职业发展是否有好处？

其实生活中很多事情，特别是关系重大的事情都应该进行以上全方位的思考，深入而彻底的思考可以避免很多因鲁莽失言而产生的错误。同时，对事情的深入思考还能够让你更清楚地认识现状，理性地处理问题。

4. 通过写作训练思考能力。任何思考的人都可以写作，不管文采怎么样。写作是思考的一种非常有效的辅助手段。在你试着写的时候，很可能会发现自己原以为已经弄明白的东西其实只是一种模糊的意识。随便想一个人、事物、事情或者景象。例如物理学中的万有引力定律。现在就万有引力尽可能地提出问题，用之前的逻辑形式来发问：万有引力是什么？它会作用于什么物体？如何作用？它什么时候能发挥作用？它是怎样发挥作用的？等等，直到你想不出更新的问题。从各个角度思考这个问题，在各种情况下考虑这个问题。找出它的性质、作用、原因以及与其他自然力的关系。如果你对自己的写作能力存在质疑，那么你先试着将所想到的问题一一列出来，在每道问题后对应自己给出的答案。接着，再将所有的问题分类排列，归纳整理，然后以某种逻辑关系将这些问题汇总，整理成一篇关于万有引力的文章。你会发现，在写的过程中，你还会涌现出新的想法，临时将这些想法安排进你的文章结构中。

时常研究那些文笔简练的作家怎样细致入微地表达，怎样恰到好处地形容某些情形和场合。不时地回头检查自己写的东西，看看写作能力和解决问题的能力是否有进步。一定要随时注意直截了当，不要追求华丽的辞藻，把你的修饰限定词去掉2/3。无论什么时候都要尽可能地用最少、最准确的词来说明最多的内容。

5. 留意思考过程中的漏洞和思考方式的合理性。你思考的核心是否正确？表达时选择的词汇是否恰当？从你思考的核心是不是可以推出你的结论？你为什么相信某些事物和现象？这些事物和现象有没有不容置疑的现实依据？你在分析事实的时候有没有先入为主的倾向性？你是否将自己的主观意识融入到思考中？这些主观意识成分是否存在某些欠缺？一定要保证事实的可靠性，并且一次只回答一个问题。

6. 用上面的方法分析其他人的思想。根据他人的言行和所处的环境，思考他的动机和心态等因素。首先要避免主观成见，不要将自己对他人的印象带入你的思考中，否则难以保证你思考结果的客观性。其次要紧密联系实际，特别是思考对象的近况，这样得出的结论更有根据性。通过分析别人的思想来审视自己的思考方式，跳出思维的局限性，不断地练习完善思考方式。

曾经有人指出，一个人成为高明的思想者的前提是具备全面而充分的素质，特别是准确的判断和推理能力。这一观点有一定的合理性，但是却混淆了因果关系，其实说到底，逻辑是思维的产物，要在思考的过程中不断地完善。不断地以正确、科学的方式来思考，不断地锻炼自己的思考能力，逻辑体系自然会不断升级，思维模式自然会日臻完善。

将瞬间变为永恒的记忆法

记忆在我们的生活中占据着非常大的比重。当我们下意识地思考某件事时，记忆力会自动将大脑中的一切相关内容提炼出来，而我们思维的运转也深受这些记忆的影响。

记忆力的辅助是思维形成的必要组成部分，也是智商的重要构成部分。好的记忆力不仅能促成更完善的思维，更能保证工作和生活的高效率。所以，要不断强化记忆力，更充分地调动记忆、运用记忆。

1. 拆分式记忆法。将你所要记忆的内容细化，先加深对个别部分的记忆，然后再强化对整体的记忆。例如，选择一段言简意赅的英语短文，仔细地阅读，要弄清每一个单词的含义，如果有生疏的单词立即借助工具书，直到你完全弄懂这段话的含义。你可以朗读出来，但是不要像鹦鹉学舌一样不求甚解，要联系整个段落进行思考，并且要有意识地记忆这些单词以及它们的含义。连续读几遍，直到你能够把这一部分背诵下来为止，把这段话牢牢地记在脑子里。过几天后回想一下自己记下来的内容，反复记忆，在回忆的过程中一定要精力集中，全神贯注。最好选择一段生僻单词不多的短文，这样能避免造成判断失误和理解混淆。

对于那些能够使你从中获益颇丰的短文或者想要背诵下来的文

章，要坚持每一句、每一段重复阅读。多次重复的意义在于全神贯注地思考和理解。如果你很在意它的内容，那么在交谈或写作的时候尽量多地利用它，同时根据自己的需要或知识储备加以改编，使它深深地铭刻在脑海中。

2. 印象记忆法。对于新接触的事物，人们会产生一种感觉，或者说在大脑中生成一种对它的印象。比如，你在水果店看到一个红色的大苹果，你首先对它的印象是"红色""大"；其次，再拓展到这个苹果所处的环境，比如在果篮里、在水果店里。那么在你走出水果店后，如果想回忆这个苹果，那几个第一印象中的关键词就是你对这个苹果记忆的全部依据。印象记忆持续的时间很短，只有几秒钟，但是对于第一印象很深刻的事物则不同，所以要充分利用在接触的第一刻，搜索能够描述这一印象的词汇，尽量使第一印象深刻。

3. 阶段记忆法。对于普通的记忆，大脑往往会持续一个阶段，比如一个小时、一个星期、一个月。记忆在大脑中会留下痕迹。比如，人们在短时间内记住某些事物后，过几个小时或几天会发现已经忘记自己所记忆的内容，但是在某一天无意中再遇到相同的事物后，会立刻勾起对这件事物的回忆。要想牢固记忆，就要不时地加深这道痕迹。比如对背诵单词的学生来说，对于经常在课文里出现的词汇的记忆要强于出现频率低的词汇，如果是经常用到的词汇，人们则会形成永久性记忆，因此人们对于"thank you""is""and"等词汇的记忆能力远远超过那些生僻的词汇。所以，要反复强化记忆，不断运用记忆的内容，这样才能使阶段性记忆逐渐转为永久性记忆。

4. 联想记忆法。记忆力如同一道开口向下的抛物线，虽然也存在顶点，但是顶点过后便开始了"下坡路"，也就是说，在记忆的最高点过后，就会慢慢淡化。所以，在记忆的过程中，要充分辅助其他的方式，比如联想法，对需要记忆的对象展开联想，当你看到"family"一词时，你要想象一个家庭的构成：父亲、母亲、自己，组成一个和睦融洽、充满爱意的家庭——father and mother I love you，取每个单词的首字母，就构成了"family"，这样更有利于你对这个单词的记忆。

5. 情绪记忆法。顾名思义，情绪记忆是指人们对符合情绪、情感需要的事物或体验产生深刻的、自发式的记忆。这种记忆会根据事物或体验带给自己的感触的程度不同而持续不同的时间，越是感触颇深的体验，记忆的时间会越久，有些甚至会永远铭记于心。

6. 掌握记忆的规律。根据著名的艾宾浩斯记忆曲线，人们对记忆内容的保持与遗忘都是时间的函数。也就是说，从记到忆的过程中，记忆内容的多少与时间的长度是有关系的。通常，对于刚刚记忆的内容，人们的记忆量为 100%；20 分钟后，只能记得 58.2% 的内容；60 分钟后，记忆量为 44.2%……同时，对于不同的体裁，人们的记忆内容也有所差异。通常来讲，人们对于诗歌和散文的记忆强度要高于其他内容。（如下图所示）

时间间隔	记忆量/%
刚刚记忆完毕	100
20 分钟之后	58.2
1 小时之后	44.2
8~9 小时后	35.8
1 天后	33.7
2 天后	27.8
6 天后	25.4
一个月后	21.1

掌握了遗忘规律和不同体裁的记忆深度，就能更有针对性地进行记忆训练。但是，仅仅通过不同的形式加强记忆还不够，预防记忆力减退往往是保持记忆的另一个重要环节。通常，引发记忆力衰退的原因有以下几方面：

1. 坏情绪。抑郁、愤怒、焦虑等情绪不仅会影响人们的心情，还会控制人们的思维，当精力全部集中在使自己消极的事情上时，记忆力就会深受影响，出现衰退的趋势。

艾宾浩斯遗忘曲线

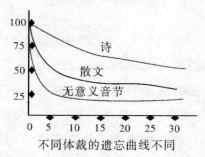

不同体裁的遗忘曲线不同

2. 压力大。适当的压力有时会促进人们增加记忆力，但是压力过大时，会影响大脑的正常工作，记忆力也会处于不理想的状态。

3. 失眠。失眠是困扰着很多人的问题，如果身体得不到充分的休息，记忆力会自然而然地随之下降。

4. 年龄。人们常说，年纪越大的人记忆力越差，虽然有些片面，但是随着身体机能的下降和接触的事物越来越繁杂，记忆力功能的降低也是正常的现象。

5. 费神。劳神操心的人疲劳感更强，过度用脑会增加人们对事务性工作的逃避感，对外界各种刺激也逐渐失去兴致，从而影响记忆。

6. 依赖。之所以现代人对知识性信息的记忆力越来越差，是因为便捷的工具书可以帮助人们随时随地地了解知识，比如电脑、手机，人们只需要在想了解某些方面的知识时简单操作一下就可以，所以很少运用自己的记忆功能，因此记忆力逐渐减弱。

7. 不良嗜好。吸烟、喝酒在伤害身体的同时也影响着记忆力，特别是过度饮酒的人，脑细胞长期被酒精麻痹，记忆功能便越来越差。

之所以要倡导正能量的生活，是因为良好的生活习惯、生活氛围、身心状况能够使身心始终处于积极活跃的状态。这就是心态好的人身体好、幸福感强、记忆力也好的原因。

了解下面一些小技巧，可以帮助你更好地掌握记忆力。

1. 不要只追求一知半解，特别是对生活有益的知识，尽量了解透彻，这样有利于宏观记忆，因为遗忘的很大一部分原因是在一开始就没有牢记。

2. 掌握一般的分析知识的原则和原理，这样可以加速对新鲜事物的理解和记忆。

3. 经常运用所掌握的知识辅助自己接受新的知识。

4. 尽量使记忆的内容形成一定的逻辑，或者形成根据时间、地点等组成的排列。

5. 充分运用想象力、观察力、注意力、理解力等能力。

6. 掌握自己的记忆规律和记忆倾向，如果自己善于记忆数字，那么尽量将要记忆的事物数字化，比如根据日期、数量来记忆。

7. 对记忆的素材进行充分的思维加工，使其变为更利于接受和记忆的形式。

8. 尽量将需要记忆的事物与自己的情绪联系在一起。

9. 尽量将记忆力延伸到细枝末节。

记忆力训练必须长期坚持，记忆力越强的人越善于记忆，越善于记忆的人记忆力越好，这其实就是良好的记忆习惯之下的良性循环。记住需要记忆的一切事物，你会增强对生活的控制感和驾驭感，从而变得更自信。

绘制你的思维导图

思维导图又称为心智图，是通过图文并重的方式表达发散性思维的图形思维工具。可以说，思维导图是开启大脑的有效形式，在思维导图中，各级主题通过隶属关系或并列关系呈现，通过图像凸显关键词，既充分锻炼了左、右脑，又遵循了记忆、阅读、联想等的规律，帮助人们平衡了科学与艺术、逻辑与联想之间的关系。每一个完整的思维导图的绘制过程都是思维的有效提升过程。

思维导图的应用范围非常广泛，无论是工作计划、会议报告、时间计划、资源管理还是生活计划，都可以借助思维导图来全面重点、层次分明地执行。学会妥善运用思维导图，你的工作和生活将会更简单明了、完整清晰、高效合理。

大脑能够完成的任何一项复杂的工作都是基于那些最简单的原则，因此思维导图的绘制过程并不复杂，相反，它非常简单。只要做好想象、联想两个工作就可以了。例如，对"花朵"进行想象和联想。

在一个安静的环境下闭上眼睛一分钟，思考关于花朵的任何方面。在大脑中想象出你喜欢的花朵的样子、颜色，然后再联想与它相似的花朵，或者它代表的意义，有什么味道。接着对其他花朵、意义、味道等展开联想。例如，你想到了玫瑰花，有黄色的、红色的，你在红色分支里延伸下去，红色代表热情，于是想到恋爱，接着联想到情人节……各下级联想都要与你联想的主题保持一定的联系，记住红色、恋爱、情人节等词汇，完成这个分支的联想。然后再进行其他分支的联想。

在日常交流中，也可以对接收的数据展开联想和想象，这样你的思维就会越来越发散。

思维导图的绘制通常包括以下几个步骤：

1. 找出一张白纸，从中心画起。留出足够的空白空间，不要让纸张狭窄的空间影响你创造力的发挥。例如你想绘制关于购物的导图，首先可以在图纸的中心画出一个购物袋。

2. 用一幅图画表达自己想到的内容。图像的妙处在于简单明了，一幅图画胜过一段描述的语言，而且更能引起大脑的兴奋，加深印象。

3. 标记关键词。在图像旁边标记一些简单明了的关键词，以辅助记忆，起到提示作用。例如在购物的导图中，在购物袋旁边写下

"购物"两个字。这样可以不时地提醒自己，导图的核心是购物，不要跑题。

4. 使用颜色。如果可以，尽量在绘制中使用颜色，颜色能够带来一定的视觉冲击效果，也能引发一定的情绪，完全可以忽略事物本身的颜色，根据自己的喜好为导图填充颜色。比如，购物对你来说是一件非常雀跃的事情，你就用粉红色来填涂购物袋。

5. 主干线必须有一定的联系。可以建立多个分支，分支也可以增加分支，但是一定要保持各分支的关联性。例如，你可以根据购物想到"父亲""母亲""儿子"，将每个人物单独列出一个分支，然后再分别在每个人物的下方发展分支，比如在"儿子"这一分支中，要充分考虑他的兴趣爱好，如果他喜欢玩具，再在玩具下边继续绘制，什么类型的玩具、对玩具的具体要求……尽量使一切联想都与"购物"相关联（如下图）。

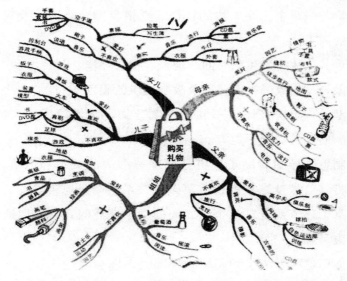

在绘制过程中，要保证做到自始至终使用图形，虽然可以标记关键词加以辅助，但每个事物都要在画出来的基础上在旁边标记关键词。例如，你在"儿子的玩具"那条线中想到了汽车、篮球，就要画出这两个物品的形状。同时，尽量完成一个分支后再进行另一个分支的绘制，这样可以保持思维的连续性。

绘制思维导图的练习随处可以进行，比如你回味一本读过的书，你就可以绘制一幅思维导图。

　　首先要将全书认真读一遍，然后将全书的主题作为思维导图的核心内容画在纸张的中心位置。然后，将主要章节（二级标题）作为拓展的支线，当然，也可以将书中的主要人物作为支线。之后再添加细节，可以不按照全书的写作顺序进行，绘制思维导图的过程是思维高度运转的过程，因此，大可不必强迫自己按部就班地遵照书中的结构。

　　完整的思维导图也是一个小规模的组织体系，它可以把一切进程和细节有逻辑性地呈现给你。比如，要绘制一本小说的思维导图，完全可以参考以下要素：

　　主题——故事所要凸显和倡导的核心内容，可以是某个物品，也可以是某个人物。

　　人物——每个主要人物的特征、性格类型、经历以及与他们有关系的任何人。

　　背景——故事发生的时间、地点、社会环境。

　　想象——想象的类型，以及故事提供的想象空间。

　　类型——小说可以按不同的主题分类，例如情感类、惊悚类、虚幻类、侦探类、历史类等。

　　绘制思维导图有助于你更好地理解书中的关系和情节。例如，很多人将《红楼梦》中的错综复杂的关系绘制成思维导图，这样在对书中某个环节或者某几个人之间的关系迷惑时，就可以通过思维导图解决疑惑。

　　当你用这种方法绘制完思维导图时，你会清楚人物之间的关系以及在什么时间发生了什么事情。思维导图就像一幅地图，能够帮你指明前进的方向，能够让你更深刻、更全面地理解和欣赏阅读的作品。

　　思维导图的应用范围非常广泛，几乎涵盖了生活的方方面面：可以用思维导图为晚会、旅游、假期、婚礼等制订计划；为客户绘制思维导图，帮助其更好地接受自己的产品；复习所学的知识；管理企业、管理员工、与客户谈判；对家务劳动、装修计划、购物活动等进行细化；为面试准备等。

可以说，思维导图的绘制过程是心灵的艺术体验过程，个人的创造力在其中得到了充分的发挥和升级。因此，与其说这是一个头脑与意识的"冒险"过程，不如说这是一个大脑与思维丰富和完善的过程。

驾驭想象力的训练

叔本华曾经说过："我的大脑从智慧和思想中不断吸收养分，而这些养分就是我作品的源泉。"

想象力是指人们根据已有的形象创造新的形象的能力。想象力在日常生活和学术领域中的作用都是功不可没的，想象力为创新行动提供了充分的理由，很多发明创造都是基于一定的想象力。例如，目前最重要的交通工具之一——飞机，如果不是因为莱特兄弟丰富的想象力和出色的执行力，那么至今人们的交通方式很可能还囿于水、陆两种。

完整的思维过程离不开想象力的参与，而想象力也是丰富人生、发挥创造性的主要源泉。因此，想象力的开发训练势在必行。

1. 设想有一束玫瑰花，然后想象它的芳香。此刻，你在玫瑰花园里，置身于浓郁的玫瑰花香中欣赏各种颜色的玫瑰花。然后将你的思绪延伸到玫瑰花园外，想象着满园的玫瑰花香飘散到园外，周围的树木都浸染在馥郁的芬芳中。树上的小鸟欢快地歌唱，声音此起彼伏，十分热闹。在进行这样的想象时，尽量选择一个安静的环境，可以聆听舒缓的音乐，使身心处于安逸和谐的氛围中，反复想象，直到这幅画已经在你的脑海中生动地浮现出来，仿佛你此刻真的置身于这种想象中一样。

2. 回想一个真实的景致，可以是很久以前见过的。对于那些容易遗忘的细节，尽量用想象去填充，将这个曾经存在于你脑海中的风景真实化，在整个过程中要不时地修饰和完善这幅风景，直到令你满意为止。经常使大脑处于这种积极的思想状态，用不同的景观来练习，直到你可以轻而易举地还原和完善每个真实的场景。

3. 回想一段经历，最好是在你的脑海中留下深刻印象的、给你带来愉悦感的真实经历。如同放映电影一样，将这段经历发生的时间、条件和过程一点点地重现在脑海中。整个过程可以缓慢进行，重新体验一回这个经历，将每个阶段、每个细节都完善，尽量融入自己的感情。用想象润色某个自己认为不完美的环节，使整个回忆充满美感，给自己带来完美的心灵体验。

4. 虚构一个情景，然后用想象力填充每一个细节。例如，想象你自己在一个会议上作演讲，从会议的主题、规模、会场布置，到你的着装、形象，都要加以想象，最主要的就是你演讲的过程，你的开场白、台词设计、表达形式、语气、姿态以及台下听众的反应，比如某些人提出质疑，你来圆满地解答等，不要马虎地应对任何一个对你来说有一定难度的环节。

5. 想象一个事物未来发展的趋势。例如，你看到一个正在建的地基，你可以根据周围的环境想象这片地建设好后的样子，是欧式的建筑，还是造型奇异的建筑，想象不要天马行空，尽量切合实际。根据想象的建筑风格，对建筑物的颜色、周边设施的布置加以联想。在想象的过程中要融入意志力，这样可以使想象力张弛有度，既有一定的发散性，又在一定的框架内进行。

6. 就某个词汇或某句诗词展开想象。比如你看到"小溪"这个词，你可以想象一条蜿蜒的小溪流经森林中，溪水潺潺的声音很动听，小溪里边有几条小鱼自由自在地游来游去。小溪的岸边是正在盛开的野花，在野花的点缀下，小溪更显清澈……这种想象适用于任何一个词汇，美好的想象可以增加生活中的幸福感和愉悦感，所以要尽量使自己的思绪向着轻松愉悦的方向延伸。

生活中总有些想象逃脱意识的控制，向不良的方向延伸，将自己的情绪拖拽到低谷。比如很多人在有了不愉快的经历后，或者看到、听到一些负面新闻后，总是容易往糟糕的方向联想。举个最简单的例子，为什么孩子怕黑？因为孩子们经常听到"黑天大灰狼会出没"之类的话，所以每当他们独自处于漆黑的房间里，就会想象大灰狼恐怖的样子以及大灰狼要吃掉自己时的狰狞表情，从而陷入恐慌之中。很多成年人在看到惊悚电影之后，一到某些与电影中的惊悚情节类似的环境里就会不由地紧张、恐惧，就是因为眼前的环境使他们情不自禁地联想到电影中的恐怖环节。不良的想象会影响自己的心情，严重的还会影响自己的生活，所以，要克服不良的想象力，使思维围绕正向、积极的方向拓展。

1. 用毅力控制和收敛不良的想象。当你的思绪开始飘向某个黑暗的方向时，你要立即克制住，不能任其延伸下去。最好的办法就是转移注意力，听些自己喜欢的音乐，或者看些娱乐节目，让大脑接收一些乐观、轻松的信息，多看一些正面、积极的信息，让自己相信和谐美好是生活的主流。

2. 给大脑补充正能量。想象力往往基于一定的意识基础，当你的意识中充满负面刺激的时候，你的想象力自然会在这个基础上延伸，而如果你的意识中充满正面的因素，那么你的想象力会自然而然地朝着健康积极的方向发展。

3. 用意念排除幻觉。幻觉往往是由于对关注的事物印象太深，使潜意识里具备了一些与关注的事物有关的概念，比如声音、视觉、气味等。所以人在精神恍惚或者休息不佳时候容易幻听、幻视，这种情况并不容易克服，建议用意念打败那些干扰自己的幻觉，告诉自己用科学的方式解释这些现象，打开窗子，让阳光流进来，在环境怡人的地方锻炼身体，或者大喊几声，你会发现生活有条不紊地在你的掌控中进行着，意识也在大脑的掌控中进行着，那些无关痛痒的负面信息只是不值得一提的经历而已。

　　还有些精神状态也会影响想象力的发挥，其实不管是意识也好，幻觉也罢，都可以通过自制力来控制。当负面的想象力放纵的时候，人们往往会感觉如临大敌，整个身心都处于紧张状态，人们对厄运的恐惧会导致恐怖的想象，对幸福的憧憬则会引起欢乐的想象，可见，想象力其实与人的精神状态息息相关，如果一时不能根除那些植根已久的负面想象，就要运用自制力来规划大脑的功能分区，在有序运转的大脑空间里，彻底清除负面因素发挥作用的空间和机会。

　　想象力关乎人类的进步，所以要学会运用想象力，掌控想象力，而不是受制于想象力。

第三章

正能量练习（二）：摒除生活陋习

习惯渗透在人们的日常生活、工作中，无形中支配着人们的言行。而习惯往往伴随一定的思维定式，即遇到事情的时候，当习惯占了上风，人们就会情不自禁地按照固有的方式去处理问题，因而有时难免会落入"因循守旧""陈规陋习"的圈套中。所以，正能量的人生应该是能够主宰习惯、支配习惯、随时改进习惯的人生，而不是被习惯掌控的人生。

正能量发源地：良好的习惯

习惯往往带有一定的行为倾向，当然也伴随着一定的心理倾向。好的习惯能够提高生活的质量，使个体对于人生的掌控感更强。事实证明，拥有良好习惯的人更容易取得成功，因为能够保持良好的习惯，说明一定是自制力强、有目标、执行力强的人，这样的人更容易拥有正能量。归根结底，是良好的习惯将生活推上了正能量的轨道。

生活习惯因人而异，没有绝对的好坏之分，但是总体来说，良好的生活习惯涉及的内容无外乎以下三大类：生活习惯、工作习惯和心理习惯。想不想知道你的生活习惯是否科学合理呢？或者有哪些是被你疏忽了的不利于你正常工作和生活的习惯呢？根据下面这些良好习惯的基本标准，你可以更好地了解自己。

一、生活习惯

1. 每天喝纯净水 1200 毫升以上。

2. 一日三餐正常吃：早饭吃好，午饭吃饱，晚饭吃少。

3. 每天吃水果 4~8 两（相当于中等大小的苹果 1~2 个）。

4. 每天吃蔬菜 0.5~1 斤。

5. 每周吃 3~4 个鸡蛋。

6. 平均每天吃鱼虾类 1～2 两。

7. 平均每天摄入肉类食品 1～2 两。

8. 午餐注意荤素搭配，且以清淡为主，少吃辛辣刺激食物。

9. 一天喝 500 毫升牛奶（2 小袋）。

10. 每天洗澡或淋浴。

11. 不吸烟、不饮酒，或少量吸烟、饮酒。

12. 每天睡眠 8 小时左右。

13. 每天摄入的食用油为 25～30 克（家用小汤勺 3 勺左右）。

14. 每天摄入食用盐少于 6 克（2 克控盐勺 3 勺以内）。

15. 吃饭细嚼慢咽，不暴饮暴食。

16. 每天坚持 30 分钟以上的健身运动。

二、工作习惯

17. 制订工作计划，可以是宏观的长期计划，也可以是阶段性的短期计划。

18. 对于陌生的工作经常提前研究。

19. 在工作过程中非常认真，很少分心。

20. 认真记录自己的工作日记。

21. 定期总结自己的工作心得。

22. 做事认真、细心，基本上不会犯马虎大意的错误。

23. 有耐心，对待繁杂的工作能够保持镇静。

24. 会议记录字迹工整，条理清晰。

25. 工作中始终保持正确的坐姿，很少弯腰驼背。

26. 虚心、好学，积极向身边的同事请教。

27. 热情、大方，经常对同事伸出援手。

28. 经常主动学习工作内容以外的知识。

29. 不迟到、早退，很少请假。

30. 干练，从不拖拉，日事日毕。

三、心理习惯

31. 干净利落，穿戴整洁。

32. 饭前便后洗手。

33. 遵守交通规则，不乱闯红灯。

34. 在公交车等公共场所会尊老爱幼，礼貌让座。

35. 有功德心，不乱扔垃圾，不随地吐痰。

36. 与人握手时很真诚。

37. 主动和熟人（邻居、朋友、同事等）打招呼。

38. 懂得倾听，不打断别人的讲话。

39. 善待父母，不对长辈乱发脾气。

40. 不追求名牌，不盲目攀比。

41. 不说脏话，不暴力。

42. 诚实守信，不说谎。

43. 时间观念强，几乎不迟到。

44. 对很多事情有自己的观点，不盲从。

45. 懂得及时改正自身的错误。

46. 情绪稳定，不会阴晴不定。

47. 有固定的朋友圈，不孤僻。

48. 宽容，不狭隘。

49. 理解，不苛责。

50. 乐观，不悲观。

在以上 50 条中，有多少条与你的情况相符合呢？如果你的习惯不但与上面的内容不相符，甚至有些还相悖，那么你就要及时纠正了。克服坏习惯是一个长期的过程，因为习惯往往形成于无意中，却渗透在意识里，越是根深蒂固的坏习惯越难改正。所以，必须全身心地投入，以免生活逐渐转入负能量的轨道。

下面是根据"成功转型"的人的经验总结的帮助改变坏习惯的技巧，不管是面对什么样的坏习惯，只要坚持如下步骤，都会使你的努力事半功倍。

1. 至少坚持一个月。30 天可以在很大程度上改变一个习惯，而一年的时间则能彻底改掉一个习惯，太短的时间无法固化那些深深扎根在你脑海中的想法。

2. 找替代品。习惯源于需求，也表现为对客观事物的需求，一旦突然停止必然会无法适应。例如，习惯每天跑步的人一旦停止这项运动，一定会不适应，但他可以通过散步或者其他的方式来过渡一下。所以，在打算改掉坏习惯时，把你能从坏习惯里得到什么写下来，看看新的习惯能带来什么，或者有什么能够加以替代。

3. 从细节开始。改变坏习惯不只需要意志力的参与，更需要耐心和策略。要想彻底改掉坏习惯，还得从点滴做起，罗马并非一天建成的，习惯的形成有个过程，改掉习惯也是如此。

4. 了解益处。要清楚改变坏习惯带来的益处，了解其实质性收益，认识得越深刻越能坚定改变的决心和坚持的信念。可以动笔写下来，将这些鼓舞你坚持的理由落实到文字上，这样更有说服力。

5. 寻找动力。在改变的过程中，要不断地寻找动力。比如，你要改变贪吃的坏习惯，你可以以保持身材为动力，或者以某件你喜欢却因为身体肥胖而穿不下去的衣服为动力，或者为自己设定一个目标，将体重控制在多少公斤以内奖励自己什么，这样你就会相对轻松地管住自己的嘴了。

6. 假想体验。当你想要做一件不该做的事情时，可以幻想自己正在做这件事，在意念中满足自己，然后想象自己从中受害的样子。比如你想戒烟：首先想象自己正在吸烟，你很享受吸烟的过程，吸完后你扔掉了烟头，接着想象自己跑步、自由呼吸。假想体验是通过精神满足来弥补心里的遗憾，通常会起到很好的效果。

7. 寻求支持。当你要改掉一个坏习惯的时候，你可以向亲友宣布这件事，然后请求他们监督你。有了一个严肃的环境，你会更加严格地要求自己，从亲友那里获得支持，你会更乐于做出改变。

8. 付诸实践。将你的想法付诸实践，与其每天做思想斗争，不如立即实践自己的想法，也许在实践的过程中，你会发现自己放大了实践的难度。

9. 贵在坚持。即使刚开始的效果不明显，或者与预期相差甚远，让自己有些失落，但是只要你坚持下去，细微的改变终究会带来巨大的飞跃。同时，在改变过程中要不断地调整自己的心态，自信是战胜失败的必备武器。

10. "隔离"自己。环境影响着习惯，很多习惯都是在一定的环境中自然而然地形成的，所以要摆脱那些诱发你旧习惯的环境，即使你因为客观原因不得不接触这些环境，也要注意尽量抗拒诱惑。

11. 学会转折。当负面想法产生并不断膨胀，驱使你按照旧有的习惯行事时，要及时将自己推向转折点。比如，你正在克服晚睡的习惯，到了入睡时间，你却躺在床上睡不着，心里一直惦记着网上某个热播电视剧的结局，负能量怂恿某个声音对你说："只是晚睡一天而已，看完结局我就睡。"你已经蠢蠢欲动，想要爬起来打开电脑，这时，你需要及时给自己一个转折——"但是"来打断它，比如："我想看结局，但是，太晚睡觉对身体不好，会影响明天的工作，我还是有时间再看吧。"

12. 寻找榜样。找一个成功的模仿对象，时刻以他为榜样鼓励自己。比如，你想戒掉购物无节制的习惯，可是面对各种新上市的产品却心里直痒痒，这时，你要想到××曾是公认的购物狂，可是她现在几乎都不踏进商场了，每天不是去喝茶就是去健身，看着气色好多了！

13. "吓唬"自己。其实就是将坏习惯的后果放大，时刻警醒自己。比如你喜欢飙车，但有一个你很欣赏的"名人"在一次飙车时发生了意外，至今身体残疾，设想自己如果不改掉这个爱好，很有可能比他更惨。

14. 分解目标。当习惯已经根深蒂固，无法轻易改变时，可以将目标分解开来，或者量化目标，每天改变一点点或某一个部分，使复杂的过程简单化。

15. 从现在开始。你是否已经跃跃欲试、迫不及待了？还在等什么？现在就开始吧！

酒不离口，醉生梦死不是梦

"人生得意须尽欢，莫使金樽空对月。"古人将满腹豪情借着一杯烈酒遥寄明月的潇洒姿态着实令人羡慕，但是在现实生活中，尽情饮酒却远没有想象的那么酣畅淋漓，相反，还会带来一系列麻烦：酒后肇事、酒后误事……长期摄入大量酒精对于身体的损害更是不容忽视，啤酒肚只是丑化了身材，而酒精肝却恶化了健康，长期在酒精的麻痹下，神经系统的正常工作会受到严重干扰。此外，酗酒还是导致家庭破裂、耽误工作的重要原因。

戒酒工作需及时，更要有针对性，因此在戒酒之前，首先要测试自己对酒精的依赖程度。以下几种类型的判断标准有助于你更好地了解自己。

轻微依赖的表现。

1. 每天的饮酒量：白酒小于 200 毫升；啤酒少于 2 瓶。

2. 饮酒的时间在 5 年以内，酒量增加的现象出现在 1 年之内。

3. 每天饮酒的次数逐渐增多，酒量也逐渐增大。

4. 酒后情绪容易激动、易怒、行为失控，甚至会打架、摔东西等。

5. 对酒精的耐受力增强。

6. 最近经常因为饮酒与家人争吵。

7. 最近总是因为饮酒耽误正常工作。

中度依赖的表现。

1. 每天的饮酒量：白酒 200～500 毫升；啤酒 4 瓶以内。

2. 饮酒史在 5～10 年，加重现象出现在 1～2 年。

3. 如果加以控制，酒量会减小，但是每天必须喝。

4. 在生活中，饮酒是非常重要的事情。

5. 有偷酒或者藏酒的行为。

6. 一旦不喝酒或者喝的不足量，就会出现身体不适、心慌、易怒、出汗、坐卧不宁等症状，饮酒后症状即刻缓解。

7. 身体偏瘦，有肠胃不适等症状。

严重依赖的表现。

1. 每天的饮酒量：白酒在 500 毫升以上；啤酒在 6 瓶以上。

2. 饮酒史在 10 年之上，加重现象在 2 年以上。

3. 每天早晨起来第一件事就是喝酒，而且经常空腹喝酒。

4. 每天都要喝酒，每次喝酒都会醉，喝酒后不饮食，身体越来越虚弱。

5. 时常会有手脚发抖、出虚汗、失眠等现象，走路线路为斜线或 S 型。

6. 已经住院治疗多次，甚至强制戒酒，但效果均不明显。

7. 因饮酒已出现胃出血、小脑萎缩、肝硬化、酒精肝等疾病。

8. 性格逐渐改变，变得多疑、暴躁，对家人感情淡薄，对生活漠不关心，对工作不思进取。

9. 逐渐失去与朋友交往的兴趣（酒友除外），一有不顺心的事首先想到的是喝酒。

10. 记忆力逐渐减退，血压升高。

11. 有幻视、耳鸣、幻听等精神障碍。

12. 只要停止饮酒半天就会坐卧不安，一旦接着饮酒就连续几天增大剂量，直到身体抵受不住为止。

13. 戒酒综合征明显：一旦不饮酒，就出现呕吐，抽搐，手、舌发颤，癫痫等症状，饮酒后症状会有缓解。

酒瘾的形成通常需要 1～3 年的时间，随着喝酒时间的推移和酒量的增大，酒瘾的程度会加剧，如果在这个时间段内周期性地保持一定的饮酒量，比如每天饮一定量的酒，那么就会逐渐对酒精上瘾。所以，没有对酒精上瘾或者对轻度酒精上瘾的人戒掉喝酒的习惯非常简单：

1. 少接触嗜酒的朋友，尽量以果汁或茶水代替酒。

2. 认识到喝酒对健康的坏处，从思想上预防酒精上瘾。

3. 如果因为应酬避免不了喝酒，尽量少喝、慢喝，最好不要给别人留下很能喝的印象。

4. 尽量克制喝酒的欲望，当想喝酒的时候，可以做适当的运动，锻炼身体。

5. 保持健康的饮酒习惯：空腹不喝酒、情绪激动时不喝酒、心情不好时不喝酒、身体不适时不喝酒、吸烟与喝酒不同步进行。

6. 给自己拒绝喝酒的理由：明天的会议非常重要，我要保持好的状态，不能喝酒；喝酒容易失态，我要在生活中小心谨慎地维持自己的形象，不能因为一时疏忽而自毁形象；经常用身边的酒后肇事的例子警醒自己远离酒精。

比起前者，有中度酒瘾的人戒酒需要一定的决心并付出一定的努力。

1. 喝酒的习惯有一部分身体原因，也有一部分心理原因，在两种因素的共同作用下，手指不可控制地伸向了酒杯。所以要戒酒，可以培养一种特别的消遣习惯或者发泄方式，比如在身心不顺的情况下下棋、听歌或者照顾养的花朵，而不是喝酒。

2. 远离下酒菜。"就着下酒菜，有事没事喝两杯"这句话被很多喝酒的人推崇，冲着下酒菜喝酒，看似理由充足，其实只是给自己馋酒找个冠冕堂皇的理由而已。如果真的有些小菜让你本能地联想到酒，那就暂时不吃这些菜，这样当你想喝酒的时候，就更能理直气壮地拒绝自己。

3. 不要怜悯自己。有时候压力特别大，酒精能够麻痹自己，使自己没那么痛苦和煎熬，但如果总是借酒浇愁，不但不会解决问题，还会损害健康。

4. 不要在清晨和睡前喝酒。一日之计在于晨，不要用一杯酒打开一天的格局，更不要在一早就让原本清新的空气溢满酒精的味道。

偶尔在晚饭时少量饮酒是可以的，但是睡前不要饮酒，否则会增加肝脏的代谢负担，更不要在失眠时靠喝酒来催眠。即使是在睡前少量饮红酒，也要控制在一定范围、一定阶段内。

5. 阶段性戒酒成功后，不要用酒精犒劳自己。戒酒的过程很痛苦，身心要接受一定的考验，但是千万不要在取得阶段性胜利后以酒精来犒劳自己，以免前功尽弃，不利于之后的戒酒行动。

6. 不要夸大对戒酒的恐惧感。戒酒并不是可怕的事，相反，不戒酒才可怕，"一斗酒，诗百篇"的奇人在多少个朝代也就出了那么一个，不要想着靠酒精来激发灵感，这本身就是不科学的。量化戒酒的过程，逐渐降低酒量、减少饮酒的次数，跳跃性前进。

7. 物质激励。很多时候人们觉得委屈是因为心里不平衡，当你不得不放弃自己心爱的酒时，你可以为自己设定一定的目标，戒酒成功后送给自己一台最新款的平板电脑，送给自己一个心仪已久的商务旅游包。然后，将每天省下的酒钱累积，在这个过程中你会得到安慰，直到收到送给自己的礼物的那一刻你会感受到双重收获。

8. 切忌破罐子破摔。不要因为离不开酒精或者曾经戒酒失败而放弃戒酒，拯救自己人生的努力永远都不能停止。戒酒关系着家庭、事业和健康，所以任何时候都不能放弃，早实现目标一天，就早收获幸福一天。

9. 自信。从一开始就相信自己能够成功戒酒，时刻鼓励自己，不断给自己积极的暗示，即使别人怀疑你，引诱你饮酒，也要做到不为所动，因为你的自信能够助你成就这个目标。

对那些对酒精依赖严重的人而言，需要接受正规的戒酒训练，或者采取强制治疗方式。

当然，在社交场中，总是避免不了饭局，这就要饮酒者遵照以下要求保护自己：

1. 如果是偶尔想喝酒，或者应酬中需要喝酒，一定要先吃一部分食物后再喝酒，同时减缓喝酒的速度，控制酒量。特别是经常出没酒场的人，一定要学会"挡酒"——酒肉穿肠过，朋友心中留；

只要感情到了位，不喝也陶醉；只要感情有，喝什么都是酒……

2. 在喝酒的同时，一定要多饮水，因为酒会使机体内细胞脱水，所以不论在喝酒前，还是喝完酒后，都要多喝水。

3. 平时爱喝酒的人要多服用复合维生素，如维生素 B_1、维生素 B_3。

4. 如果避免不了喝酒，就多吃一些氨基酸药物，尽量减少酒精对机体的损伤。

5. 饮食应均衡，常喝蜂蜜、果汁，不要吃油炸类食物。

6. 自己一定要清楚地认识到大量饮酒对身体有严重危害。

纯洁你的信念，坚定你的立场，告诉自己巨大的跨越是由微不足道的进步构成的。对自己的生活负责，重建温馨的家庭，重树良好的形象，重立工作的志向，你的人生从现在开始将翻开新的篇章。

戒烟不成——"窝囊肺"

经常有人在公共场合中忍不住吞云吐雾，相信不吸烟的人对于"烟民"不仅是反感，更多的是同情，同情他们成为无法自拔的"瘾君子"。烟瘾的形成不仅受生理因素的影响，还受心理因素的影响，有的烟民是生理成瘾，有的烟民是心理成瘾。身体对尼古丁的依赖性较强，一定时间内如果不吸烟就感到身体乏力、坐卧不安，多为生理成瘾者；每当有情绪变动时，都情不自禁地抽出一根烟点燃，随着深吸一口烟或重重地吐出一口烟而平稳情绪者，大多为心理成瘾。当然，烟瘾通常也会出现两种反应交融的情况。下面这个小测试将帮助你更好地了解自己的烟瘾程度。

1. 每天起床后第一件事就是吸烟？

A. 是的，如果不吸烟，我会觉得浑身没劲。

B. 不吸也无所谓，反正我烟瘾没那么大。

C. 基本上不会用一根烟开始一天的生活。

2. 正常情况下，超过多长时间不吸烟会觉得非常焦躁？

A. 基本上每半个小时吸一根烟，最迟间隔不能超过一小时。

B. 通常三四个小时吸一根烟。

C. 有的时候一天不吸烟也没什么感觉。

3. 在一些禁止吸烟的公共场合，比如会议室、电影院等，你是否会因为不能吸烟而觉得特别难熬呢？

A. 是的，我会坐立不安。

B. 还好，如果有吸引我注意力的事情我会感觉好一些。

C. 禁止吸烟对我来说并不可怕，我本来也不总吸烟。

4. 你平均每天吸多少根烟？

A. 20 根以上。

B. 10～19 根。

C. 9 根以下。

5. 当你心情比较差或者情绪波动比较大的时候，会不会在第一时间拿出一根烟来吸？

A. 会，吸烟对我来说完全是一种本能反应。

B. 有时会，吸烟能帮助我平稳情绪。

C. 很少，几乎没有这个习惯。

6. 加班或者工作压力大的时候，是否会靠吸烟来解乏？

A. 是的，烟味更能带给我灵感和放松感。

B. 有时候是，吸烟确实能够带来不一样的释怀感。

C. 几乎不，我还是比较在意自己的身体的，不会在身心压力大的时候再吸入尼古丁。

7. 因为生病或者其他原因，你的身体状况不允许吸烟，这时你会有什么样的感觉？

A. 度日如年。

B. 还可以，忍忍烟瘾就过去了。

C. 没什么感觉。

8. 你通常吸烟是什么原因？

A. 待着没事就想吸烟。

B. 身边有人吸烟，勾起了我的烟瘾。

C. 实在无聊或者跟一群吸烟的朋友寒暄时不得不吸。

9. 每次看到戒烟的公益广告，特别是那些视觉冲击力特别强的戒烟宣传图时，你有什么感觉？

A. 挺震撼，一边为自己的将来感到担心，一边吸烟平复心情。

B. 很可怕，以后还是尽量少吸烟。

C. 反正我能控制烟瘾，所以这种遭遇我应该不会经历。

10. 你对戒烟有什么看法？

A. 必须戒烟了，只是对我来说难度太大了。

B. 戒烟不过是下点狠心的事，反正我现在烟瘾不大。

C. 我觉得我不需要戒烟，因为几天不吸烟也没什么感觉。

评分标准

每道题选 A 得 3 分，选 B 得 2 分，选 C 得 1 分，将总分相加。

测试分析

1～9 分：可以说，你没什么烟瘾，在应酬中偶尔吸根烟也是正常的事。你对烟的兴趣并不大，或者说你有很好的控制力，可以使自己远离上瘾的阶段。

10～19 分：这个分数段还算理想，因为烟瘾尚在可以轻松掌控的范围内，所以只要你有毅力，肯坚持，一定会戒掉烟瘾的。

20～30 分：如果你处于这个分数段，那就说明你的健康状况已经陷入危机或者危机潜伏期了，大量的尼古丁会吞噬你的幸福生活。所以，一定要抓紧时间，采用科学的方法戒烟，而且是一次性戒烟。

戒烟并不难，只要每天坚持以下内容，你就会发现，自己已经离"瘾君子"越来越远。

1. 从现在开始，烟瘾不大的人可以尝试完全戒烟，而烟瘾特别大的人可以逐渐减少吸烟次数，比如由原来的每天 15 根缩减到每天

10 根，再缩减到每天 5 根……彻底戒烟者坚持两个月即可算作成功，逐步戒烟者坚持 3 ~ 4 个月就可以成功。

2. 将所有与吸烟有关的物品都丢掉，如香烟、打火机、火柴和烟灰缸。

3. 在戒烟期间，避免参加经常吸烟的娱乐活动，特别是打牌。

4. 餐后以吃水果或散步来代替吸烟。虽说饭前吃水果最有助于吸收营养，但是比起饭后吸一根烟，饭后吃一点水果还是明智合理的选择。

5. 烟瘾来袭时，停止到处找烟，先深呼吸，然后立刻咀嚼无糖的口香糖，避免用零食代替香烟，否则会引起血糖升高、身体过胖等问题。

6. 戒烟最大的敌人是没有勇气和毅力，所以要鼓舞自己将戒烟坚持下去，抵制香烟的引诱，经常提醒自己，再吸一根烟足以令之前的戒烟活动前功尽弃。

戒烟的前 5 天是最难熬的，为了缓解这种痛苦，可以采取以下建议：

①多喝水，两顿饭之间喝 4 ~ 6 杯水，促使尼古丁充分地排出体外；②每天洗温水浴，特别是在忍不住烟瘾的时候，可以选择立即淋浴；③生活要有规律，保证足够的休息时间，避免情绪波动；④饭后要刷牙，穿干净没有烟味的衣服；⑤饭后尽量到户外散步，做深呼吸 15 ~ 30 分钟；⑥不喝刺激性饮料，改喝牛奶、新鲜果汁等温和的饮品；⑦少吃辛辣、油炸的食物，少吃甜点，饮食尽量清淡；⑧可吃多种 B 族维生素，这能帮助安神和除掉尼古丁；⑨可以辅助戒烟产品，但要适度，不要对戒烟产品产生依赖性；⑩用钢笔或铅笔取代手指夹烟的习惯动作；⑪将大部分时间花在图书馆或其他不准抽烟的地方；⑫避免到酒吧和参加宴会，避免与烟瘾很重的人接触；⑬用这 5 天内省下的烟钱给自己买一件礼物；⑭准备在半个月内戒除想吸烟的习惯。

以上方法都是较简单的，相对来讲更适合生理成瘾的吸烟者戒烟，对于心理成瘾的吸烟者，可以尝试结合以下方法：

1. 自我鼓励疗法。吸烟者要充分认识吸烟对自己及他人的危害，在内心深处树立起戒烟的决心和信心，不要因为吸烟历史较长、吸烟程度较深而对戒烟望而却步，要鼓励自己戒烟，哪怕每天进步一点，坚持下去一定会成功的。

2. 对比疗法。如果烟瘾实在克制不住，可以先采用快速吸烟法，这样患者会产生强烈的头晕、恶心、心跳过速等生理现象，接着再去呼吸没有烟味的新鲜空气，两者形成的鲜明对比更容易使人进行取舍和抉择。也可以在吸烟时想象那些令人作呕的事情，比如正在吸的香烟上的痰渍。

3. 环境疗法。据调查，很多烟民 50% 以上的吸烟动机是由于和吸烟的人在一起产生的，所以想要戒烟必须保证处于有利于自己戒烟的环境，多和不吸烟的人接触，多去禁止吸烟的地方休闲，这样你吸烟的几率会大大降低。同时，试着说服身边吸烟的朋友一起戒烟，并起带头作用，当大家都想吸烟的时候，可以去打篮球，或者做简单的健身运动等。

4. 亲情疗法。戒烟对于家庭成员的益处最大，在整个戒烟的过程中，家庭成员的作用也是非常大的。家属应随时提醒戒烟者吸烟的危害，同时家人的陪伴也会让吸烟者多一份责任心，至少会为了家人的健康而少吸烟或不吸烟。

5. 刺激疗法。找一些有关戒烟宣传的海报，冲击力越强越好，随身携带，或者放在卧室、客厅、办公桌上，时刻提醒自己吸烟是非常可怕的，将烟盒放在海报后边，每当你伸手去拿香烟的时候，你会感觉自己在伸手迎接恐怖一刻的到来，这样你就会慢慢地对吸烟产生抗拒和排斥心理。

也许对你来说每天几根烟的危害远远不值得一提，也许对你来说戒烟是比节食还要痛苦的选择，那么看看下面这段文字，你就会意识到戒烟是势在必行的。

戒烟 30 分钟后：随着身本里尼古丁含量的降低，全身的循环系统得到改善，特别是手和脚部。

戒烟 8 小时后：血液中的含氧量达到了不吸烟时的水平，同时体内一氧化碳的含量大大降低。

戒烟 1 天后：心脏、血压和血液系统呈现非常好的状态，整个人都比前一天年轻了。

戒烟 2 天后：身体内的尼古丁都被消除了，你会发现你的味觉和嗅觉开始得到改善，花草和新鲜的水果让你觉得生活非常美好。

戒烟 3 天后：呼吸变得更加轻松，同时你觉得整体的精神状态有所改善。

戒烟 3~9 个月后：任何呼吸问题都得到了改善，而且心肺功能大大提升。

戒烟 1 年后：冠心病发病率比继续吸烟者下降一半。

戒烟 5 年后：中风的危险性降到了从不吸烟者的水平。

戒烟 10 年后：患肺癌的几率达到了正常人的一半。

戒烟 15 年：患冠心病的危险与从不吸烟者相似。死亡的总体危险度恢复到了从不吸烟者的水平。

戒烟必须从现在开始，并且坚持下去，任何时间戒烟都不算迟，而且最好在出现严重健康问题之前戒烟。成功戒烟的人的自信水平、幸福感会大大增强，这种自信和快乐会促使他们更积极地宣传戒烟，在享受健康人生的同时努力营造一个和谐美好的无烟环境。

自古"暴"君多磨难

如今，很多招聘职位对员工的要求中都会出现一条："有亲和力"。注意，不是美丽、魅力、智力，而是亲和力。

温和谦恭的人到哪里都受欢迎，而鲁莽暴躁的人在哪里都会受到排斥。易暴躁、火气大、爱发脾气，这其实是一种敌意和愤怒的心理。当客观现实与人们的主观愿望相背离，甚至冲突的时候，就会产生这种消极的、负面的情绪反应。暴躁的人通常是容易冲动的人，在面对问题的时候经常仅凭借自己的感性认识去判断问题、处理问题，这是非常不利的。从生理角度来说，暴躁容易导致高血压、心脏病、溃疡、失眠等疾病。而暴躁对于生活的恶劣影响更是数不胜数，最常见的就是影响人际关系、不利于团队协作等。

想要自己身心健康，有和谐的人际关系和良好的发展环境，就必须学会控制自己，克服暴躁易怒的坏毛病。首先，要端正主观认识，这是改掉暴躁脾气的基础。

1. 要认识到暴躁的不良后果。脾气暴躁，容易动怒的人很容易和身边的人发生摩擦，产生隔阂，而我们在社会生活中，总要同其他人接触和交往，希望得到别人的好感、赞赏和帮助，需要友情、合作，否则，就会产生孤独感，寸步难行。特别是动辄动怒的人，很难让身边的人接近，更难以得到真心的友情。人的行为是受意识调节和控制的，认识了暴躁的严重后果，便可从内心产生改掉暴躁脾气的要求。

2. 追根溯源。如果你最近变得情绪不定，如果你总是乱发脾气，如果你发起脾气没个轻重，那么你就要开始反思了：从什么时候开始觉得自己变得爱发火了？自己每次发火都是因为什么？最近是不是一直有件大事压得自己喘不过气，才总是找机会发泄？一般来说，如果你不是一个生来就暴躁的人，而是最近变得暴躁，那么很可能是因为你的心中有些事情一直没解决，压抑已久的情绪便随时喷发了。弄清原因后，仔细想一想现在还值不值得那样做？可以和你亲近的人讨论一下，也可以把这个导致你莫名其妙发火的理由写下来，等心平气和的时候再去看，这样就会觉得好一点。

3. 意识控制。当怒火即将喷发时，要用意识控制自己，提醒自己保持理性。还要配合自我暗示："别发火，发火伤身，发火后更难收场。"

4. 换位思考。遇到让自己暴躁的事情时，要换位思考，想一想对方的处境、动机，最重要的是对结果要有预见性，自己一时的暴躁对他有何影响。如果你发现对方的某些行为只是某个处境的必然反映，也许你就不会有那么大的情绪反应了。

5. 对事不对人。要懂得就事论事，对事不对人，不要将在处理问题的过程中产生的情绪转移到其他人身上，更不要乱发脾气。

6. 学会冷静。任何时候都要平心静气，时刻警示自己要止怒，不要因为冲动使原本复杂的局面更复杂，更不要因为盲目地回击而剥夺对方向你解释的机会。

7. 适当缓冲。遇到让自己怒不可遏的事情时，先延迟发怒几秒钟，在短短的几秒钟内，你会收到神奇的效果——几秒钟的怒气高峰期过后，你的暴躁情绪会减到原来的一半，再延迟几秒钟，你就会发现自己的暴躁情绪已经跑远了。

接下来，该进行克服暴怒的练习了。练习的内容都很简单，也很容易做到，只要你能坚持下去就会有显著的成效。

1. 认知情绪。无故发脾气的人最容易被孤立、排斥，情绪越暴躁的人越容易伤害周围的人。如果你实在遏制不住自己的坏情绪，至少可以对身边的人说一声："对不起，今天我心情非常不好，所以表现得有些焦躁，见谅。"别轻视这句没有深刻内涵的话，说出来之后，你的情绪会平静很多，而周围人的礼貌回应也会让你立即意识到暴躁只会陷自己于尴尬的境地。

2. 高效睡眠。睡前做些舒缓神经的运动，然后冲个澡，或者喝杯热牛奶，总之，要保证睡眠时间和睡眠质量。高效的睡眠能治百病，更能为身体创造一个正能量的场，使自己精力充沛、精神饱满，坏情绪自然就跑远了。

3. 坚持运动。想想自己有多久没有运动得大汗淋漓了。运动不仅健身，还益心，在运动的过程中，很多负面情绪会随着汗水排出体外，在心脏有力跳动的同时，内心也恢复了年轻状态。

4. 测试压力。情绪是压力的汇总，更是压力的宣泄方式，很多人暴躁都是因为顶着无法承受的压力。如果你也是如此，那么你可以按照主次顺序，把让你产生压力的问题列举出来，试着每天解决一个，一段时间后，你的心结就解开了，火气也降下来了。

5. 寻找乐趣。你上一次纯粹为了乐趣而做事情是在什么时候？当生活被暴躁的乌云所遮盖，一切都会变得阴暗消极，所以要试着亲手拨开乌云，积极寻找阴霾过后的光明，阳光能杀菌，更能消灭坏心情，心情不好的时候，积极为自己寻找乐趣，多给自己快乐的理由。

6. 提升自信。脾气暴躁的人大都是消极自卑的人，暴躁往往是消极和自卑的转型，而自信的人面对问题时首先是一种"兵来将挡，水来土掩"的态度，即使遇到再麻烦的问题也不会轻易发怒，所以要改掉暴躁的习惯，就必须提升自信。留意自己暴躁的时候，告诉自己在暴躁的时候最难看；停止对负面信息的思考；把手放到胸口附近，保持这一姿势，做深呼吸动作。

7. 冥想练习。扭曲的心态源于歪曲的意识，经常冥想自己与大自然亲近接触，冥想自己在山林泉边双眼紧闭、张开双臂，贪婪地汲取山间的灵气和泉水的灵韵，开阔自己的眼界，不要局限在眼前的懊恼中。

8. 大吃一顿。胃离心脏很近，胃饱了，心也就暖了。食物具有神奇的力量，能够让你忘掉一切不愉快。在身体状况允许的情况下允许自己放纵一回，挑些自己喜欢的食物尽情地吃，让自己可以任性一回，吃饱了，暴躁的情绪也就消失了。

9. 保持健康。有时候，情绪暴躁是健康危机发出的信号。特别是慢性的病痛会导致情绪暴躁。最近你的体能是否在降低？是否出现了亚健康状况？是否会因为身体不适而暴怒？是否已经控制不住自己的脾气？如果有类似的情况，请检查自己的健康状况，并积极地治疗疾病，锻炼身体。

10. 与孩子相处。孩子天真无邪的笑声有一种神奇的力量，能够驱散眉间的皱纹和心中的浮尘。经常和孩子玩耍，你自然会沾染童真，成人世界里盘根错节的利益链条下的城府与心机带来的烦躁感自然会降低。

11. 帮助他人。有时间可以去参加一些志愿者活动，帮助比你处境更难的人，当你发现还有那么多人在艰难的境遇中健康积极地生活时，你也许会感动，也许会顿悟，总之你的抱怨会越来越少，抱怨少了，暴怒也就少了。

12. 写作发泄。如果你觉得暴躁已经成为你生活中的"常客"，那么就试着写作，可以是任何形式的文体，通过写作来发泄自己的怒火，这是抑制暴怒的练习中最有效的方法之一。

一心想着烦躁的事情时，暴躁易怒的心情会与日俱增。在消极失望的时候看看周围的种种好处，看看卓越出众的事物，为心灵寻找一个精神图腾，使它时刻让你的身心充满对正能量的向往，你的生活会如沐甘霖。

避免"大意失荆州"

你是否会将重要的事情忘得一干二净？

你是否常常因为粗心大意而忘记重要约会的时间？

你是否总是不小心将邮件发错了？

你刚刚念叨的事情，转身就忘记了？

你明明记得带钥匙，可关上门后突然想起钥匙落在门口的鞋柜上？

你总是不小心将茶杯打碎？

你是否出门忘记过带钱包，害得自己出丑？

你是否有过将手机落在出租车里的经历？

你是否又在不经意间踩了别人的鞋子？

你是否有过忘记关掉煤气阀门而险些使家人陷入危险的经历？

……

如果你经常粗心大意，那么你的惨痛经历应该数之不尽：某天因为粗心错过了火车，某天因为粗心记错了朋友的生日，某天因为粗心得罪了身边的朋友……

粗心大意这个坏习惯源于你做事的时候不专心、无视细节问题、注意力不集中、对事物的重视程度不够，眼观六路、耳听八方是一项技术活，普通人没法驾轻就熟。在正常情况下，大脑通常要接受各种各样的信息，这些信息互相干扰，甚至互相排挤，当信息量过大时，大脑就会处于"饱和"的状态，这时候，人们会记住一些重要的、印象深刻的或者随机的事情。当然，在生活中，这种不时地遗忘是可以控制的，粗心大意也是可以克服的。

1. 叮嘱自己遵循好习惯。早上起来第一件事就是想想今天的安排，如果有日程表，最好在想完后对照日程表看是否有遗漏；不定期地查看自己的行程安排；用完物品要放回原来的位置，这个位置最好固定不变；触碰物品的时候告诉自己要轻拿轻放；记事情的时候在心里嘱咐自己这件事非常重要，一定要重视起来；三思而后行；越是简单的事情越要认真做。

2. 设置提醒工具。当你不确定自己的记忆力时，或者当你需要做的事情非常多时，为了避免遗忘，可以用手机等电子设备设置日程提醒，也可以在随身携带的记事本上记录事情。

3. 练习自己的耐心。尝试做一些需要极大细心和耐心的事情，比如练字、绣十字绣等，逐渐改掉自己毛毛躁躁的毛病，尽量享受体验，感受过程，而不是急于完成任务。

4. 不要拖延。很多小事都是在拖延中逐渐被淡化、被遗忘的，所以有事情要立即去做，不要因为时间还来得及而一拖再拖，更不要因为不重要而暂时搁置。

5. 专心致志。集中注意力能够提高做事的效率，心有旁骛的时候做事情等于浪费时间，既得不到充分的休息，也处理不好问题。

所以要认真细致，将精力集中在正在做的事情上，而不是那些将要做的。

6. 一次只做一件事。特别是重要的事情，要分别去做，不要一边做手头上的事，一边想着另一件事的细节；对于那些不适合交叉进行的工作，不要东一耙、西一耙，否则两件事情都做不好。

7. 忌掉以轻心。人们往往会发现，那些难度高，挑战大的事情出现纰漏的概率往往要小于一些难度系数低，甚至毫无挑战性可言的事情。这是因为当人们认真去做事情的时候，会将每一个环节处理到位，而面对每天经手的工作，或者无关痛痒的小事时，就会掉以轻心，从而马虎失误。

8. 预想后果。经常在心里想以下几个问题：我为什么要做好这件事情？如果忘记这件事情会有什么后果？如果在做事的过程中我出现了失误，会不会有弥补的方式？我是否能够很好地处理这件事？

9. 相信自己。不要害怕麻烦，更不要害怕失败，当身边的人总因为你的粗心批评你、取笑你的时候，不要胆怯畏惧，更不要否定自己，大声地告诉自己："我会克服粗心大意的毛病的！我会比任何人都细心的！"

10. 保持情绪稳定。情绪激动时容易犯错误，所以要注意舒缓自己的情绪，尽量不要在情绪起伏比较大的时候做重要的事，尽量在处理问题的时候克制自己的情绪。

11. 挑战自己的极限。能够数清一千粒芝麻的人会轻松地数出一百根火柴。人的能力有无限提升的空间，所以要不断挑战那些超出自己的能力范围，或者对自己来说异常艰巨的任务，直到你能轻松地处理妥当生活中的事情。

12. 预设细节。事先将你要处理的事情细分为多个环节，具体到每一个步骤，这样你在执行的时候可以一步步地来，既能保证效率又能避免失误和遗漏。

13. 查缺检漏。做完事情不要急着收工，而是要细心检查一遍自己是否有遗漏的地方，或者哪里需要进一步完善。之所以很多工作都要求反复校验，就是因为在一遍遍的检验中，人们会不断发现自己的疏忽大意之处。

国外一名宇航员因为一个小数点的偏差而不幸遇难，这个案例已经是妇孺皆知的了。无需再举例子，马马虎虎的人是做不成大事的，因为他们总是会被剥夺担当重任的权力和机会，所以，从现在起，努力改掉粗心大意的坏习惯吧，以免有一天"大意失荆州"。

以理智代替固执

在开始阅读本节之前，先进行一个小测试：

1. 你认为自己是一个苛求完美的人吗？

A. 是的，我凡事要求完美，一点不合心意的地方都容忍不了。

B. 还好，我通常能够接受瑕疵。

C. 不是，我比较随意，没那么多准则。

2. 你非常爱干净吗？

A. 是的，朋友都说我有洁癖。

B. 还好，大致干净整洁的环境就可以。

C. 不是，我比较邋遢，脏一点、乱一点无所谓。

3. 你是否能忍受自己的生活节奏被打乱，生活习惯被干扰？

A. 不能，我有自己的生活方式，不允许任何人干涉。

B. 还好，只要不是干涉我特别在意的地方就无所谓。

C. 我本身没什么生活节奏可言，生活中更多的是随性。

4. 你能否忍受别人乱动你的东西，或者拿完你的东西后不放回原处？

A. 不能，我的物品必须按照我喜欢的方式摆设，别人乱动我会生气。

B. 只要不碰我非常珍惜的物品就好。

C. 无所谓，我自己就是个乱放东西的人。

5. 当别人违背你的意愿或者轻视你时，你会有什么感觉？

A. 我会很生气、很失落，更会感到沮丧。

B. 虽然有点失落，但是还不至于太在意，这种事也不是一回两回了。

C. 没什么感觉，也许是我不足以引起别人的关注吧。

6. 当你想做一件事情却受到众人的阻拦时，你通常会怎么办？

A. 不顾一切去做。

B. 如果真的是很在意的事情，那就不要管别人的反对了。

C. 既然大家都反对，这件事也许真的不合适。

7. 你是否经常习惯性地检查自己随身携带的几样东西？

A. 是的，身份证、手机、钥匙、钱包，类似的物品出门前必须检查一遍。

B. 通常都会，但是如果着急或失误也会忘记。

C. 我总是到用的时候才想起来找。

8. 当别人批评你的某个观点时，你会怎么办？

A. 我坚持己见，我的想法自然是符合我的生活的，别人没权力指责。

B. 适当地听取别人的意见，但也不能迷失本性。

C. 每当被别人指责时，我的第一反应就是自我反省。

9. 你是否经常相信一些很迷信的"规则"，比如别踩下水道的盖子？

A. 只要是我觉得不好的，我都会避免。

B. 虽然总告诉自己要避免这些"不吉利"的事情，但还是偶尔不小心触碰这些。

C. 我通常大大咧咧，对这些所谓的"规则"都不甚了解。

10. 你是否常常觉得即使刚洗完手，但还是应该再洗一遍？

A. 是的，我总觉得手上的细菌太多，生怕它们会被携带到身体的其他部位。

B. 除非刚触摸过让自己反感的东西，否则不会有这种强迫心理。

C. 我从来不会这样，只有在手弄脏或者饭前便后需要洗手的时候才洗。

11. 当你的决定遭到大家的反对时，你会怎么办？

A. 我的人生我做主，谁也不能左右我的决定。

B. 如果是事关重大的决定，我会考虑周围人的意见。

C. 我不善于做决定，即使做了决定，只要身边有人反对，我也很可能会改变主意。

12. 身边的朋友是否经常说你固执任性？

A. 是的，虽然我并不这么觉得，但是他们总这么评价我。

B. 有些朋友会这么说。

C. 大多数人都说我随和、易亲近。

13. 你是否宁可得罪人也要坚持自己的原则？

A. 是的，我没必要委屈自己做一些不爱做的事情。

B. 分什么事，生活中的小事没必要较真。

C. 还是算了吧，我不太喜欢得罪人。

14. 你走进一个房间，看见墙上的一幅画挂歪了，你是否立刻去扶正？

A. 是的，只要不合我心意的摆设都要改变。

B. 等到有空时再去扶正，先进屋休息一下。

C. 一般来讲，这和小事根本不入我的眼，爱怎么摆放就怎么摆放吧。

15. 睡觉之前，你是否要将所有的开关检查一遍？

A. 是的，不然我睡不踏实。

B. 如果太累或太忙，我可能会忘掉这个环节。

C. 我从来没有检查开关的习惯。

16. 你总是责备身边的人为你制造那么多的麻烦？

A. 是的，我真不理解那些连小事都处理不好的人。

B. 心情不好的时候会这样，其他时候都还好。

C. 不会的，我很少觉得有人给我添乱。

17. 你是否觉得身边几乎没什么可以信赖的人，或者可以信赖的人越来越少？

A. 是的，人心隔肚皮，值得信任的人都能数得过来。

B. 我一般的朋友可信度都很高，但是对陌生人会心生警觉。

C. 我觉得没有那么多骗子，虽然不会轻易上当，但也不至于刻意提防谁。

18. 总是感觉被别人占了便宜？

A. 是的，我从不占别人的小便宜，但总有人让我吃亏。

B. 我觉得大多数时间我和别人的相处还算公平，无所谓谁占谁的便宜。

C. 我没觉得谁让我吃亏，就算有，吃亏是福，没什么大不了的。

19. 觉得自己很优秀，即使从别人的眼里看到不屑和怀疑？

A. 是的，不懂我的人不需要解释，我的优秀岂是庸俗之辈能看得出来的？

B. 自己确实算是优秀的，但如果怀疑自己的人多了，也会变得心虚。

C. 我并没有孤芳自赏，自己确实有很多不足。

20. 你的幽默感强吗？

A. 通常我不太善于幽默。

B. 还好吧，大多数时候都能幽默地表达自己的观点。

C. 大家都说我是个开心果。

评分标准

以上每道题选 A 记 1 分，选 B 记 2 分，选 C 记 3 分，将每道题的得分累积起来，计算自己的总分数。

测试分析

1～20分：毫无疑问，你是个非常固执的人。通常，你对周围的事物都很敏感，嫉妒心强、多疑、任性且自命清高。你生活中的每个细节都必须掌控在自己的手中，没有人可以干涉你，你总是被记忆中的某个片段所困扰，看待人和事也存在一定的片面性，因而总是将自己陷于苦恼中。

21～40分：你是个相对随和的人。你不容许别人硬生生地闯入你的生活，对你的人生指手画脚，但是对于生活中的琐事，你都有较强的包容心，你不过分求全责备，懂得为自己营造一个适合生存发展的环境。

41～60分：你比较容易妥协。大方爽朗的你总是能够给别人带来欢乐，你对生活的热爱从来都不会因为一些琐事而消退，幽默感强的你总是能够劝服自己别意气用事，因而你的生活中快乐远远超过烦恼。

固执是幼稚的表现。人之所以固执己见，是因为顽固而盲目的自我认识，如果凡事都以自己的原则为基准，不思变通，那么做再多的努力也会因为方向的偏差而功亏一篑。想要积极地面对人生，使生活更顺心如意，就要摆脱匮执对意识的控制，最有效的方式是用理智战胜固执。

1. 开阔心胸。固执源于狭隘，源于对自己的过分肯定和对外界的盲目否定，说白了，就是你只能接受自己的优秀和别人的不足，而对于自己的不足之处和别人的优点则一味地忽视。因为你的狭隘，你不能正确客观地看待自己和别人，因而你始终按照自己的思维一意孤行，不管对与错。

2. 增长见识。见多识广的人会自然而然地跳出自己的小宇宙，去欣赏世界的美好，对比自己与别人的差距，积极地提升自己，而不是盲目地排外，在否定别人的时候阻碍了自己的前进之路。

3. 学会理解。理解别人的行为，就如你理解自己的行为一样，适当地站在别人的角度，要向前看，而不是低头凝视自己脚下的方寸。学着接纳别人的观点和言行，即使是你所不齿的、鄙夷的，不要急于表现出反感，这样至少你会懂得如何让自己避免犯别人犯过的错误。

4. 自我反省。回想自己因为固执犯下的错误、造成的遗憾，是不是有些到现在都没法弥补？还要继续固执下去吗，像别人眼中长不大的孩子一样？或者带着遗憾和后悔继续犯错？既然已经意识到自己的错误，为什么不及时加以改进，给自己的人生来个拨乱反正呢？

5. 学会分析。如果你完全明白了对方的理由，那么你很可能会改变自己对于某件事的部分分析。也许你会发现，对方某个与自己不同的意见能够给自己带来启发，或者让自己灵光乍现，意识到自己思虑的欠妥当和欠周全。

6. 不要自以为是。固执的人大多数都自以为是，因为对自己有一种偏执的信任，所以完全听从自己的观点，坚持自己的行为方式，不顾任何人的劝阻和反对。因此，想要克服固执的习惯，就要客观地评估自己，从内心深处扼杀自以为是的习惯。

缺乏理智的人生缺少方向感。一味地放大自己的个性特征，必然会陷入固执的怪圈无法自拔。谁不曾在真相面前屈服过？谁没有在事实面前后悔过？当你执拗得像一头牛般毅然前行时，不要忘了自己还有理智，还要拥有正能量的人生。

如何拥有更精致的人生

人生苦短，陈词滥调大可直接删掉。言多必失，唠叨不停的人不但会让人想逃离，更会因为说话不经大脑而惹出不必要的麻烦。适当地压缩语言、提炼你的核心内容有助于节省时间，优化你的人生。

为什么一鸣惊人的人比满腹牢骚的人更有魅力？为什么一语中的的人总能轻而易举地聚拢目光？因为话不在多，而在精。越有思想的人越懂得谨言慎行的必要性，那些不顾场合夸夸其谈的都是一些初露锋芒或者小有成就的人。一句点睛之语胜过迂回曲折的千言万语。时间如此可贵，没有人愿意花大量的时间去倾听一些不感兴趣或者毫无价值的话，想要自己的人生更精致，想要自己的形象更有感染力，就要学着用简练的语言简明扼要却不失重点地表达自己的观点。

1. 策划自己的语言内容。如果你将登台讲话或者与某人进行谈话，在谈话之前首先要考虑谈话的背景、对象与目的。只要稍加留心就会发现，当记者采访重要人物的时候，他们的问题总是中心明确、简单易懂且简短扼要，这样首先会减轻回答者的心理负担，使他们轻易地抓到主题，而不必费神去揣测你的问题。在讲话前要策划所谈内容的大纲，然后填补细节问题，根据之前提到的三要素做适当的增减，尽量使自己的主题鲜明。如果谈话内容比较多，为便于对方抓住核心，可以在每个重要部分前增加序数词，如"第一""第二""最后"等。

2. 打腹稿。在重要的讲话前打一遍腹稿，有必要的话反复练习几遍，这样可以避免自己在讲话时的语无伦次和讲话内容的颠倒重复。

3. 尽量省去语气词。在与人交谈的时候尽量不要拖长语调，特别是在与朋友对话的时侯，不要刻意增加停顿，更不要说"啊""嗯""呃"等语气词，否则会使你的讲话内容显得冗长拖沓，增加听者的厌烦情绪。

4. 保持语言风格的清新。清新的语言风格应该是简洁明了的，而且语气也应该尽量平和欢快，最起码要让对方感受到你的认真态度和你对对方的重视，讲话内容要仔细斟酌，学会用"是"来表达"不是"，可以穿插一些幽默，尽量保持活跃的对话氛围。

5. 注意措辞。措辞是语言的主要构成，所以一定要注意措辞的选择和使用，尽量贴近讲话的环境，一定要精准。如果不是非常必要的，尽量不要刻意用晦涩的成语和词汇，以免使人觉得你的话语佶屈聱牙，甚至带有卖弄学问的嫌疑。最主要的是，不要说脏话，不要讲不适合的笑话。

6. 注意神态。讲话时的神态很重要，能反映出一个人的精神面貌，在关键处适当地配合一些肢体语言，但不要夸张生硬。注意眼神的掌握，眼睛要炯炯有神才有吸引力，呆滞漏神的眼睛只会遣散听者的兴致。

7. 吐字清晰。清晰的吐字能够准确地传达你想表达的内容，这是交流最基本的要求。

8. 语速平缓。语速过快会说错、漏掉一些内容，还会造成对方的听觉紧张，不利于接收信息；语速过慢则会消耗对方的耐力，使对方产生厌烦情绪，不利于交谈的深入。

9. 随机应变。在讲话过程中要随时关注对方的情绪变化，这种变化可以通过对方的眼神、表情、语气、肢体语言等表现出来，如果你讲话的时间过长，对方开始出现摆弄头发、左顾右盼等小动作，说明他已经开始厌烦你的滔滔不绝，这时要立即停止这一话题，寻找对方感兴趣的话题，或者让对方开始新的话题。

总之，比起拖沓冗长的言论，精练的语言更能增加你的印象分。如果你想营造一个活跃的氛围，请停止唠叨；如果你想拥有积极的回应，请调动你的情绪；如果你想拥有良好的交际，请精简你的语言。要想传递出正能量，首先你的语言必须充满正能量，如果语言本身冗长繁杂，那么即使传递的是正向的信息，恐怕也会散发出阵阵霉气。

第四章

正能量练习(三)：提高交际效率

　　社交对生活的渗透力、对工作的影响力不容小觑，常有人说："人脉就是钱脉"，确实如此，把握了自己的人脉就等于掌控了自己的命脉。本章将帮助你解决社交中的难题，消除社交中的不良习惯，助你成为社交领域中游刃有余的交际高手。

你是交际达人吗

没有一技之长的人没有立足的空间，可见掌握一门技术是多么重要。作为最基本的生存能力之一，交际能力的强弱对一个人人生的成败有着决定性的作用。之所以这么说，是因为交际能力是其他能力得以发挥的前提，并伴随着其他能力的发挥。可以说，交际能力是个跳板，能力越强，你能达到的高度就越高。举个最简单的例子，在面试的过程中，你与面试官的交流是决定你去留的关键，只有得到了面试官的认可，你才有机会在岗位上发挥自己的特长；在工作过程中，你的交际能力对你的办事效率和晋升起着至关重要的作用，如果你能得到"众星捧月"的待遇，那么你登高远望的概率就会更大。在工作中，你的才能要以服务公司的经营宗旨为基本方向，所以在发挥才能的过程中，又要通过与相关领导、同事的不断沟通交流来变通自己能力的发挥方式、提升自己的能力。

那么，你究竟是不是那种能在任何领域通吃的交际高手呢？你的交际功底又如何呢？不妨通过一个小测试来揭晓答案。

1. 阳光明媚的休息日你更喜欢待在家里晒太阳而不是出去乱逛？
是→第 2 题

不是→第 3 题

2. 你同时买了一本科普类书籍和一本畅销小说，你会先看哪一本？

科普类→第 3 题

畅销小说→第 4 题

3. 如果在好朋友家待得太晚了，你是否会直接留在他家过夜？

是→第 6 题

不是→第 5 题

4. 你总能在最短的时间里抓住事物的主要矛盾和核心问题？

是→第 3 题

不是→第 5 题

5. 你觉得与朋友在一起是件令人心情愉悦的事情，即使你们话都不多？

是→第 7 题

不是→第 6 题

6. 有时候，你会对一面投缘的人特别照顾？

是→第 8 题

不是→第 7 题

7. 不管是什么样的人，你都能保持足够的耐心？

是→第 10 题

不是→第 9 题

8. 你从来不爱管别人的闲事，即使你能帮助别人也不会主动去提供帮助？

是→第 7 题

不是→第 9 题

9. 你能在 5 秒钟内说出至少 5 个特别要好的朋友吗？

能→第 11 题

不能→第 12 题

10. 你觉得阅历丰富的人给人一种安全可靠的感觉吗？

是→第 11 题

不是→第 9 题

11. 你认为化妆能够提升一个人的气质和魅力吗？

是→第 12 题

不是→第 13 题

12. 你能处理好自己的事情，不喜欢别人干涉你的私事？

是→第 13 题

不是→第 14 题

13. 曾经在与朋友相处的过程中办过一些让自己后悔的蠢事？

是→第 15 题

不是→第 14 题

14. 从来不看泡沫剧和偶像剧？

是→第 15 题

不是→第 16 题

15. 你觉得男人就应该大方、大度，不应该斤斤计较，更不应该示弱？

是→第 16 题

不是→第 17 题

16. 你对人对事总是三分热度，一旦熟悉了，就不会太放在心上？

是→第 18 题

不是→第 17 题

17. 觉得 25 岁是人生的分水岭，过了这个年龄后自己就会变老？

是→第 20 题

不是→第 19 题

18. 你是否经常和要好的朋友煲电话粥？

是→第 19 题

不是→第 17 题

19. 你是否很喜欢所有目光集于自己身上的感觉？

是→第 20 题

不是→第 21 题

20. 总是走在流行的尖端，常常做别人的形象顾问？

是→第 21 题

不是→第 22 题

21. 很喜欢和朋友一起逛街或一起打游戏的感觉？

是→B 型

不是→第 22 题

22. 会过度依赖某个知心好友？

是→第 23 题

不是→A 型

23. 你是否一有新鲜事就会带上好友一起去体验？

是→D 型

不是→第 24 题

24. 你是否觉得拥有一个异性知己是非常必要的？

是→C 型

不是→第 25 题

25. 对于未知的领域充满好奇心？

是→D 型

不是→E 型

测试分析

A 型：交际达人。对你来说，与人的交际就像执行任务，尽管过程和难度不同，但是你总能在最短的时间内将对手研究透彻，然后找到适合的方式来与之沟通。每次达到交际目的，于你而言就如攻下一座山头，成就感十足。你喜欢在这种优越感中找自信，因为交际是你热衷并擅长的活动。善于察言观色的你往往能透过点滴小事了解交际对象。同时，你身上与生俱来的沟通天赋和出色的表达能力能够助你一臂之力，使你能够不失时机地达到交际目的。对你来说，交际更多的是一种解闷消遣的方式。

B 型：交际高手。 阅人无数的你往往能够轻松地看穿他人的心思，别人的一言一行在你眼里都是某种特征的符号，所以你能够较快地制定出适合对方的交际方案。你通常会结合交际目的来接近交际对象，加上你身上有着很强的"融合力"，不论和什么类型的人你都能相处得比较融洽，即使同与你立场相对的人接触，你也能够应付自如。你比较在意感觉，一般来讲，只要看对方没有太过离奇的表现，你都能很快地和他把酒言欢。而且你的个性比较综合，能够很容易地理解每个人的态度。所以对你来说，交际本身是一件充满乐趣、令人回味无穷的事情。

C 型：交际新星。 你虽然没有达到五湖四海皆朋友的境界，但是也能达到一方呼应八方回应的境界。你倾向于慢热型，不会很快地与人打成一片，因为你比较看重共同点，你觉得与没有太多共同语言的人不会有多大的交集，所以过多的努力都是浪费时间，不如集中精力抓主要矛盾，把时间用在结交有望成为推心置腹的好友身上。所以你朋友的数量不多，但胜在质量、胜在交情。

D 型：交际学者。 你生性爱热闹，怕孤单，所以很喜欢交朋友，但同时你在陌生人面前会非常拘谨，有时候怕掌握不好交际的火候，因此干脆以沉默和"不行为"来应对。其实，你身边有很多对你的性格感兴趣的人，比起朋友，他们更愿意将活泼简单的你视为"开心宝"。不管是什么样的人，你都会很乐于去认识，所以你的朋友很多都是最初的朋友的朋友。心思简单而且乐天能侃的你人缘还不错，你面临的问题就是怎么迈出关键的一步，将对你有好感的人变成你的朋友。

E 型：交际盲。 你在交际方面很有原则，而且很敏感，对方的文化程度、素质、兴趣、习惯等都在你考虑的范围之内，你希望交各方面都可以堪称楷模的朋友，至少保证没有有伤大雅的负面习惯。对于不了解的人，你抱着君子之交淡如水的态度。也许是这种观念束缚了你，你在交际过程中多少有点青涩生硬，不够成熟圆滑，所以对你来说，交际有时是一种令你头疼的负担。

亲和力是真实力

佛眼看人，人人为佛：鬼眼看人，人人皆鬼。对人以诚相待，是为了得到同样真诚的回应，善待他人，也是为了得到善报。正能量是一个复杂的构成，面面俱到也许会有些难度，逐步改善相对比较容易。其中一个重要的构成就是亲和力。亲和力是一个人在接触外界的时候所体现的能够带给别人亲近感的一种力量。亲和力的程度决定着别人与你接触的深度，亲和力也是正能量最直接的表现，具备亲和力的人往往是那些正能量充足的人，妥善地运用亲和力可以使你的人际交往更顺利。

首先通过下面这个小测试来了解一下你的亲和力如何。

1. 你喜欢下面哪种饮品？

即开即喝的灌装饮品→第 3 题

需要烹煮或调味的饮品→第 4 题

2. 你是否经常给别人取绰号？

我经常这样→第 5 题

从没有过→第 6 题

3. 会用下面哪个词语形容相貌出众的女性/男性？

公主/王子→第 4 题

美女/帅哥→第 5 题

4. 你平均每天照多少次镜子？

很多次，数不清→第 6 题

没几次→第 2 题

5. 你是否能够很快和陌生人交谈甚欢？

是的，我通常可以轻易地打开交谈局面→第 8 题

我通常不爱与陌生人打交道→第 7 题

6. 喜欢用下面哪个杯子装饮料?

卡通塑料杯→第 9 题

高脚玻璃杯→第 7 题

7. 你希望自己的眼睛是什么颜色的?

蓝色或者绿色→第 8 题

紫色或者深黑色→第 12 题

8. 你在送别人礼物时会选择什么样的包装?

碎花或者带卡通图案的包装纸→第 10 题

纯色系的包装纸→第 9 题

9. 下面哪种孩子让你心生厌烦?

淘气不听话的小孩→第 14 题

不聪明的小孩→第 10 题

10. 会议开了很长时间,领导一直唠叨些没用的话,你会怎么办?

看手机或者和周围的同事开小差→第 12 题

不耐烦地听完→第 11 题

11. 当同事对你评头论足的时候你会怎么办?

毫不客气地还击,对他们也评头论足→第 15 题

不放在心上,一笑置之→第 16 题

12. 你更愿意学习下面哪种舞蹈?

高雅、古典的芭蕾舞→第 13 题

时尚、动感的街舞→第 11 题

13. 当你感到受委屈时你会怎么做?

暂时忍着,回到家中一个人哭泣→第 14 题

忍不住想哭,为自己辩解→第 15 题

14. 觉得王子与公主婚后过着怎样的生活?

幸福美满、无忧无虑的生活→第 16 题

因为性格不合而争吵,最后离婚→第 15 题

15. 一个女孩从不穿短裙，你觉得这是为什么？

她的腿型不好看，很不自信→第17题

她有着自己不能说的苦衷→第19题

16. 当你克制不住与人发生争吵后，你会有什么感觉？

有些后悔，自己不该那么冲动→第18题

错的人肯定不是我→第20题

17. 当你发现交谈的对象十分孤傲时，你会怎么办？

仍然对他很友善，想办法投其所好，尽量使谈话维持下去→第18题

我也是个骄傲的人，所以不会容忍别人的轻视，直接走人→第20题

18. 你能忍受别人坐在你床上或者用你的梳子等私人用品吗？

即使不高兴也不会表现出来→D型

不能，我讨厌别人动我的东西→A型

19. 你平时会有意无意地揭人伤疤吗？

如果是我不喜欢的人，我会的→B型

不会，那样很无聊→C型

20. 你是否认为与人交流是件愉快且受益颇多的事情？

是的，每一次交流都是一次经验的提升→E型

得分和什么人交流，有些人会让你觉得浪费时间→第18题

测试分析

A型：亲和力指数：★。你个性比较冲动，对事物没有耐心，容易鲁莽行事。因此很多人不太敢轻易靠近你，怕不知什么时候你怒火上涌伤及自己。其实你也有率真、简单的一面，从来不会刻意伪装。虽然朋友有时会为你的鲁莽恼火，但是他们更喜欢你简单的个性。所以如果你能成熟些，懂得克制自己的脾气，那么会有更多的好朋友。

B型：亲和力指数：★★。你思维活跃、想法奇特，整天嘻嘻哈哈地与周围的人打成一片，看起来像个孩子。因此人们很喜欢与

101

你接触，觉得你天真又不失亲切。幽默诙谐的你经常会制造一些笑料，成为大家眼中的开心果。但有时大大咧咧的你会口无遮拦，如果你身边有比较敏感的人，你就更应该注意，因为说话常不经过大脑的你很容易在不知不觉中得罪人。

C型：**亲和力指数：★★★**。你个性憨厚，做事沉稳、干练，情绪稳定，大家都认为你很有安全感，是个值得依赖的朋友。周围的人习惯了有事找你商量，而你也经常会热心助人。因此你属于大哥哥、大姐姐类型的，给人一种心安的感觉。同时，你还是个安于现状的人，不愿接受太大的改变，比较怀旧。如果你的个性中再多一些活泼，会更加拉近你与同龄人的距离。

D型：**亲和力指数：★★★★**。你是个很自我的人，你很关注自己的外表，你的着装、妆容甚至连佩戴的小饰物都十分考究。你追求完美，因而比较挑剔，很多人都会觉得你事多，甚至有点别扭，所以建议你适当地放低身价，不要总是一切唯我独尊，否则会让身边的人渐渐地疏远你、孤立你。

E型：**亲和力指数：★★★★★**。你是个很随意的人，个性天真而单纯，心思简单而明亮。在朋友中，你永远是精神最抖擞的那个人，整天都精力充沛地出现在大家面前。因此，朋友聚会都会叫上你，有你在就不愁没有热闹的气氛。极具亲和力的你如果再注重提升自己的气质、底蕴，那么你就可以在朋友圈内呼风唤雨了。

亲和力是一种魔力，更是一种神奇的吸引力。如果你相貌平平，那么你要修习亲和力，因为在接触的过程中，亲和力的影响会超越容貌对他人的影响；如果你相貌出众，那么你更要提升亲和力，这样会让人由内而外地欣赏你。如何提升亲和力，使周围的人不由自主地向你靠拢呢？

1. 寻找共同点。亲和力往往源于共鸣，一旦你和别人在某些方面有了共同点，你们之间的谈话就更容易开始。比如对方的籍贯、兴趣爱好、旅游经历等，记住寻找共鸣不是打探隐私，要尽量问一些与私人问题无关的话题。如果实在找不到共同点，可以试着效仿对方，比如对方点了一杯咖啡，你也可以点一杯咖啡，然后就咖啡伴侣的选择、所喜欢的咖啡的牌子等进行交流。

2. 面带微笑。之所以很多企业推出微笑服务，因为微笑是亲和力的第一要点。一个面无表情的推销员会让人觉得浪费时间，一个表情僵硬的主持人会让人忍不住想换节目看。微笑是最好的见面礼，当一张和善的笑脸映入眼帘，你的第一反应是以微笑回应，这样，陌生感顿时就消除了；当对方怒气冲冲地指责你的时候，真诚的微笑能够瞬间化解对方的怒气，帮助对方恢复冷静。注意，微笑要真诚，目光要柔和，嘴角微微上扬，脸部肌肉松弛，不要使表情僵硬、笑容公式化。

3. 语言同步。所谓的语言同步就是使说话的方式、频率、声音、语速等尽量与对方保持一致。如果对方经常提到某个词汇，比如"真的啊"，说明对方是个好奇心很强的人，你要尽量给予积极的响应，比如"当然啦"。如果对方语速非常慢，那么你应尽量边品茶边交谈，看到你的恬淡姿态，对方心里会少了很多压迫感，自然会在愉快的氛围内与你交流。

4. 注意措辞。尽量选择一些平和、没有太多修饰的词汇，当然，也要根据对方的身份仔细斟酌。如果对方是个从事学术工作的人，而且言谈中措辞都很精准到位，那么你也应尽量精挑细选你的用语；如果对方在交谈中不怎么雕琢词汇，很随意，那么你大可不必开口便"之乎者也"那一套。

5. 避免争论。意见分歧是不可避免的，但如果不是非常必要的，不要为了争一口气而与对方争得面红耳赤，应尽量选择一些没有争议的话题，或者尽量收敛偏激的言谈，不要随意攻击某个公众人物、诋毁某个品牌或者嘲讽某个城市，应尽量以中性的词汇代替那些感情色彩太明显的词汇。如果需要表达自己的看法或观点，可以加些修饰，比如"我觉得这个还好""这首歌很好听，只是我更喜欢……风格的"。

6. 学会倾听。认真倾听是对对方最起码的尊重，也是表达自己对对方观点认可的一种方式。在倾听的过程中，要真诚地注视对方的眼睛，如果觉得长时间注视不合适，可以适当地转移目光，但不要左顾右盼。尽量不要打断对方的话，在对方需要回应的时候，可以用简单的语言接洽一下。你的认真倾听会让对方在你身上获得一种成就感，从而增加对你的好感。

7. 不吝赞美。赞美可以拉近双方的距离，特别是恰到好处、不夸张的赞美。赞美可以直接用语言表达出来，表达方式不必太委婉，直接赞美会更显真诚。当然，如果对方是那种高傲且自信的人，可以通过比喻、象征等手法委婉地加以赞美。也可以通过目光表达赞美，一个欣赏的目光、一个惊艳的眼神有时会胜过千言万语。

8. 注意肢体动作。如果对方开始搔首弄耳、左顾右盼，说明他已经对这段谈话感到厌倦，迫不及待想换个话题；如果对方跷起二郎腿，或者一直抖动腿部，说明他对你的话题并不感兴趣，而且还很自大；如果对方突然身体前倾，说明他开始对你的话题感兴趣。掌握肢体动作的含义，可以使你更加灵活地掌控交流的局面。

9. 保持活力。活力四射的人更能吸引人，因为活力的人是热爱生活、兴趣广泛、善于言谈的人，而且往往是不拘小节的人。与活泼的人打交道，心情会自然地放轻松，情绪也会自然而然地高涨起来。

保持亲和力并不难，不必对自己苛求过多，只要做到谦和、和善、温和、和蔼就可以了。同时，也不必在意交往中那些无伤大雅的小错误，因为任何人都会犯错误，高高在上的圣人只会给人高不可攀的感觉，所以尽量拿出自己真实的姿态就好了。

发现你的交际潜能

根据冰山理论，通常展露在外边的特征只是冰山一角，真正的能量往往隐藏于海平面以下。在这个求新追异的时代，每个人都在用自己的方式诠释生命，也在通过层出不穷的手段来打造自己的生存空间。每一次令自己满意的发挥，你拿出了几成功力？是随机发挥，还是策划已久，还是穷尽实力呢？你在哪方面还有待于进一步提升呢？你还有哪些交际潜能尚埋藏在冰山下待于开发呢？

请耐心完成下面的测试。

1. 关于爱情：

A. 曾经有很多朋友介绍你相亲，但是你都以"不着急"或"没时间"为由拒绝了。

B. 你渴望的爱情是幸福简单的，不需要太大的波浪。

C. 当异性用欣赏的目光看你时，你会情不自禁地高兴起来。

D. 你通常依靠第一感觉来决定是否与人交往下去。

E. 你觉得浪漫的爱情即使满是波折也很美。

2. 关于生活：

A. 你喜欢有规律的生活方式，很少会因为什么事打乱自己的生活节奏。

B. 你非常了解物质或奢侈品对他人的诱惑力。

C. 你希望伴侣可以为自己分担家务，如果对方能承担全部家务最好了。

D. 你总是竭尽所能地规划好自己的一切。

E. 你比较羡慕坐享其成的生活，最好什么都不用自己操心。

3. 关于交际：

A. 你从来不会阿谀奉承，你总是直来直去，有什么说什么。

B. 觉得年纪大的人一定有很多有趣的社交经历。

C. 你害怕被欺骗，所以总是有所保留地和人相处。

D. 你觉得只要肯努力，一定会让自己有一个好的社交环境。

E. 你觉得社交其实并不是生活中的必需品。

4. 关于择友：

A. 喜欢同有理想、有抱负的人交朋友。

B. 希望与尊重别人隐私、重视别人时间的人做朋友。

C. 愿意与优秀的朋友一同赴约，这样自己会觉得很有面子。

D. 你总是希望吸引那些鹤立鸡群的朋友，却不知道该如何做。

E. 你喜欢与那些有地位、有背景的人结交，因为这类人对你来说更有价值。

5. 关于应酬：

A. 你觉得应酬其实是一件很有意思的事情，能考验你各方面的能力。

B. 你觉得应酬是件很累人的事情，因为总要说些言不由衷的话。

C. 每次应酬你都会做个冷静的看客，从中总结一些经验。

D. 再热闹的场合也不如一个温馨的小窝更能让你感受到幸福。

E. 孤独也是一种享受，应酬这种事能避免则避免。

6. 关于性格：

A. 你是个开朗大方的人，通常都不拘小节。

B. 只有和好朋友在一起的时候你才会畅所欲言。

C. 你觉得有一堆朋友是件很幸福的事情，因此喜欢融入到朋友之中。

D. 你比较情绪化，心情时好时坏，待人也冷热不定。

E. 你是个比较有个性的人，通常不会为了所谓的顾全大局而迁就别人。

7. 关于自我认知：

A. 你觉得自己既有令人佩服的地方，也有些拿不出手的、需要改进之处。

B. 虽然你一直都想打造全新的自己，但是你不知道从何处着手。

C. 你常常以某个成功人物为目标，时刻都参照他的标准来要求自己、塑造自己。

D. 你觉得自己很优秀，不需要去改进什么。

E. 你觉得自己的不足之处已经根深蒂固，无法改变了。

8. 关于伪装：

A. 只有跟陌生朋友在一起时才会非常注意自己的言行举止。

B. 你认为适当的伪装可以增加陌生人对自己的好感。

C. 你觉得没必要过多地伪装，日久见人心，不必费心急于表现一个不真实的自己。

D. 你不是很善于伪装，但总是有人说你虚伪。

E. 你通常没有伪装的意识，而且你也认为伪装是一件很无聊的事情。

9. 关于热情：

A. 你总是热情洋溢，身边的人都会受到你的鼓舞。

B. 你能够表现得很热情，即使有时候内心冷冰冰的。

C. 你追随自己的感受，高兴了就笑，难过了也没必要硬撑着。

D. 你是总觉得热情这个东西没什么实际意义。

E. 你通常不怎么热情，而且也不会强迫自己挤出一张笑脸面对陌生人。

10. 关于旅游：

A. 你喜欢集体出行，这样会增进彼此的感情。

B. 你会选择和几个要好的或者品性相近的朋友出行。

C. 你觉得集体出行很烦，人多事也多，会给自己带来很多麻烦。

D. 集体出行也可以，但是必须以你为主角。

E. 你还是喜欢一个人出行，这样能自由自在的。

评分标准

每道题仅限一个选项，回答完全部题目后，请仔细数自己所选择的字母中哪一个最多，例如你选择的 C 最多，则你属于 C 类型，如果你选择的最多选项的数目同样多，那么你同时属于这两种类型。

测试分析

A 类型：*细心与周到*。热情爽朗的你总能够在朋友圈中站稳脚跟，因为你总是不拘小节，甚至有些大大咧咧。其实，你内心深处有自己的想法和追求，你会包容别人的缺点和鲁莽，收敛自己的锋芒，时刻都给人一种亲和感。但是，如果在交际过程中，你能更全面地考虑自己的处境，更深入地分析别人的言行，更注意观察力的训练，在察言观色上多上点心，那么你更容易使自己在交际中处于有利地位。

B 类型：*成熟与稳重*。有时候，你会表现得八面玲珑，处处都吃得开，但是这仅限于你觉得有必要的时候。你很难逃离情绪和心情的干扰，总会在不经意间暴露自己的本性，将之前的伪装一并淹没。你应该多向成熟的社交专家学习，当你见识了那些社交高手是怎么沉稳地应对各种复杂的交际局面和各色复杂的社交角色时，也许你会发现自己在这方面提升的空间太大了。所以，要多花些心思去琢磨更成熟的交际手法。

C 类型：*热情与活泼*。你的热情是有限的，或者说只针对有限的人，其实你的内心充满活泼的因子，只是你不喜欢与各种各样的人寒暄，也不善于在别人面前表现自己的直爽。多一点自信、多一些乐观，不要将自己的热情与活泼圈于狭小的范围内，试着参与一些自己感兴趣的活动，试着和朋友的朋友沟通，慢慢地你会发现你的活泼会为自己带来意想不到的好人缘。

D 类型：*真诚与谦虚*。有时候你对细节的要求近乎苛刻，对一些别人认为无关紧要的小事特别较真。此外，对别人总是心存芥蒂容易让你本能地去伪装自己，因此你得到的回应通常也会让你觉得"很假"，这样你会逐渐对社交失去信心。真诚与谦虚的态度往往更容易得到别人的好感，因为每个人都渴望被尊重而不是被忽视，试着收起自己的骄傲，将自己的谦虚表现得真诚些，你会发现交际其实很简单。

E类型：随和与友善。你对不了解的人总是冷冰冰的，对很多事情也表现得漠不关心，让人觉得你这个人很难相处。其实你是个很有灵性的人，只是不太善于表达自己和善的一面，练习真诚的微笑，练习和善的语气，在与人交流的过程中感受自己的微笑与和蔼带来的回应，这或许会改变你以往的交际观和交际方式。

社交即人与人的交流活动，是人们通过一定的方式来交流思想、传递信息，以此达到某个目的的社会活动。越是发展的时代，越是呼吁良性社交，因为只有和谐的社交关系才能带来有益的信息，才能开通有益的发展渠道。以下是一些帮助自己开发社交潜能的小技巧，参考使用，可以让你的社交活动充满正能量。

1. 平等原则。平等原则强调交流双方在沟通方式上的平等，没有谁凌驾于谁之上，交际的双方能够在互相尊重的基础上开展交际活动，特别要注意的是人格的平等。

2. 互利原则。社交是一种双向沟通，交易的双方都希望通过社交达成自己的目的，所以要以双方都能获得对自己有益的社交结果为前提，或者获得知识，或者获得经验。总之，只有双方都得到了完美的社交体验才会有利于社交的延续。

3. 诚信原则。诚信是人与人之间沟通最起码的要求，是人和人之间敞开心扉的基础，脱离诚信的交际是不切实际的，因为这种关系太脆弱，完全经不起现实的考验，这种交际不会给人安全感。

4. 包容原则。在与人交往的过程中难免会产生矛盾与不和谐，这就需要互相包容，既要包容对方不能为自己所接受的地方，同时也要学会包容对方无意中对自己的冒犯，要以不影响交往为前提，不因小失大。

5. 发展原则。与人交往其实就是一个与人发展的过程，因此社交并不是片面的、暂时的，而是随着时事的变迁不断发展的。所以，在与人交流的过程中要考虑双方的长远发展，尽量不要以短期交易为目的。

盘点你内心的交际障碍

谁都不是天生的交际高手，也不是所有人都能在一番历练之后就能如鱼得水，任何领域的成败都是相对而言的。良好的交际环境是人生驶向正能量的重要保障，因为好的交际环境可以减少一个人的孤独、寂寞、空虚和恐慌等心理，使人在丰富社交阅历的同时丰富内心的体验，以更成熟的姿态去生活。然而，总有一部分人因为这样或那样的原因始终改变不了糟糕的交际局面，或者经常陷入对社交的恐慌中。造成交际障碍的原因很多，也有可能是几个方面的原因共同作用的结果，其中常见的包括：自卑心理；曾经遭遇挫折；受错误的思想观念的影响；经验的欠缺等。

每个人都存在不同方面、不同程度的交际障碍，要正视自己的缺陷，正确地认识自己的交际障碍并加以克服。

接下来这个小游戏中描述了交际过程中经常出现的情况，而这些情况在一定程度上反映了你的交际障碍类型，请结合自身的特点进行选择。

1. 你很害怕在公众面前发言？

是的，每次当众发言我都手抖、心慌、腿软→第 2 题

我经常在公众面前言谈自如→第 4 题

2. 当别人盯着你看的时候你会脸红？

是的，我觉得被人注视会浑身不自在→第 5 题

没什么感觉，被人看也不会少块肉→第 3 题

3. 很羡慕那些语言表达能力特别好的人？

是的，我总是在内心深处幻想自己侃侃而谈的样子，可是在生活中我却没有勇气表现自己→第 6 题

我觉得自己的语言表达能力也不错，或者我根本不屑于这样的自我展示→第 9 题

4. 在社交场合看见陌生人会紧张？

是的，对我来说与陌生人相处是一件很难的事情→第 7 题

我通常能够在陌生人面前应付自如→第 6 题

5. 当你发现别人议论自己或者嘲笑自己时，你会怎么样？

真糟糕，赶紧逃掉吧→第 7 题

无所谓，我很优秀，嘲风我是嫉妒我→第 8 题

6. 当你在别人的监督下做事时，总会出些小差错？

是的，被人监视我会浑身不自在，因而就紧张起来→第 9 题

不会的，他看他的，我忙我的，互不影响→第 8 题

7. 你觉得独处远比和别人相处要轻松？

是的，一个人的时候最自在，不用考虑那么多→A 型

还是和一群人在一起的时候更热闹，一个人好无聊→第 9 题

8. 你总是幻想自己公开出丑的样子？

是的，越想心里越害怕→C 型

我很少有这些负面的假想→第 10 题

9. 当你和别人交谈时，你最讨厌被问及工作、婚姻等隐私问题？

是的，我讨厌别人对我问东问西→B 型

不会的，这些都是正常的话题，可以增加彼此的了解→第 8 题

10. 你通常觉得别人和你搭讪示好是出于某种目的？

是的，没有免费的午餐，没人会无缘无故地对你好→D 型

也许对方是对我感兴趣想和我做朋友→E 型

测试分析

A 型：自我封闭。你最大的交际障碍就是孤僻。你总是局限在

自己的思维意识中，不喜欢被人讨论、被人嘲笑、被人攻击，更不喜欢别人走进你的世界，干扰你的生活。一方面，你有些清高孤傲；另一方面，你又有很多怪癖，使自己无法接受别人，也让别人不能轻易地接近你。越是自我封闭的人越容易陷入封闭的空间，而封闭的空间内氧气和阳光都是有限的，想要更充实地生活，你必须敞开心门，接纳新鲜的空气，让更多的风雨和阳光进入你的生活，这样你才能更茁壮地成长。一味地"闭关锁国"，为了少些"麻烦"而自我封闭，只会因小失大。

B 型：**缺乏自信**。也许你缺少成功的社交经历，或者你在内心深处将失败的可能性放大，或者总是丑化自己的某些举止，这使你更加害怕任何形式的自我表现。这些都源于自卑心理，对自己某些方面的不自信使你缺乏与人交流的勇气。自卑是相对于自信而言的，也就是说，如果你面对的是一个自信的人，你会彻底丧失底气；但如果你面对的是一个自卑心理比你还要重的人，你就会本能地"轻敌"，从而减少焦虑感。所以，不妨在心里设想你面对的交际对象自卑心理比你还要重，你在他面前完全是一道无法逾越的屏障，只是他故作镇定而已。这样，你就可以更轻松地面对他了。

C 型：**内心恐惧**。交际恐惧是一种常见的现象，比如在任何一个受到关注的场合，开始和人交流之前总是首先想到自己交际技巧的拙劣，继而联想到别人对自己的嘲讽。这其实是一种杞人忧天的行为，之所以产生这种心理，归根结底是因为太在意自己，想把每一个细节都表现得完美无缺。所以，要注重提升自己的实力，比如底蕴、气质、口才、形象等，首先成为一个让自己骄傲的人，让自己佩服自己，然后大胆地尝试，抓住机会表现自己，笑着面对自己的小失误和尴尬之处。因为人们对你的印象是始终变化的，当你表现得越来越出色，人们自然会用眼前这个优秀的你去替代曾经意识中那个交际手法稚嫩的你。

D 型：**敌对情绪**。这是一种比较严重的社交障碍，具体表现为厌烦、甚至仇视别人的示好，这类人有些悲观，或者比较极端，将人与人之间的交流归结为虚伪逢迎、尔虞我诈；或者认为别人对自己的交往动机不纯，带有一定的目的性，从而在内心深处抗拒社交，甚至会表现出攻击性。这样的表现很可能形成一个恶性循环，使自己陷入更被动不利的境况中。你可以从自己的亲人或者信任的朋友开始，增加与他们接触的频率，尝试着去接触一些他们信任的要好的朋友，一点点地打开自己的交际圈，努力寻找与这些让你放心的朋友的共同之处，然后选择一个身份背景比较相似的人群的俱乐部，逐步扩大自己的交际面。

E 型：骄傲自大。你是个比较自我的人，通常都是我行我素，很少在意别人的眼光，更很少考虑别人的感受，这也导致你时常给人留下孤傲、尖刻的印象。其实太有个性的人是很难真正立足的，因为这个以和谐为主旋律的社会是不会崇尚追逐冷漠的。是时候抛开你的骄傲和自大了，将你原本天真烂漫的本性表露出来，不要因为执拗任性而让自己陷入交际的死角。

交际障碍其实并不难克服，如果你始终注意自己的障碍心理，比如胆怯，那么你就会以一个胆怯者自居，每当与人交往的时候都会手足无措、语无伦次。这种持久的心理障碍会束缚你的言行，弱化你的表现，增加你的羞耻感和耻辱感，所以必须加以克服。

交际障碍在生活中非常普遍，比如被人关注时会脸红，害怕注视对方的眼睛，和异性打交道的时候会局促不安，公开发言时会突然结巴等。交际障碍给人们的生活带来了太多的麻烦，所以要经常进行自我调节，不断鼓励自己克服障碍，并相信自己一定能够成功。

1. 给予自己充分的肯定，不断地告诉自己"我是最好的"。

2. 寻找合适的倾诉对象，选择适当的方式宣泄自己的情绪，定期为自己的情绪减负，不要背着心理负担进行社交。

3. 清空装有痛苦回忆的文件夹，尽量不去想那些不愉快的事情，特别是让自己尴尬的事情。

4. 友善地对待别人，别人的感激和赞美往往是证实你的价值的最佳凭据。

5. 不给自己压力，尽力而为的过程就是收获的过程，至于结果怎么样并不重要。

6. 每天给自己 10 分钟的时间来思考，不断总结自己的交际经验，分析导致失败的原因，思考能促使自己成功的因素。

7. 到人多的地方去，让往来的行人在眼前经过，试着微笑地面对每个人。

8. 多参与团体活动，积极地表现自己，尽可能多地就某些问题与人交流。

打造属于你的气场

气场是一种无形的震慑力。作为出现频率越来越高的词汇，"气场"已经成为商界、政界、职场，甚至社交领域的精英们争相角逐的宠儿。其实，气场是一种正面、积极、向上、强大的综合魅力，是一种对周围的人或事的助推力、感染力和影响力。

气场会增加个人的成就感和正能量，因为拥有气场的人更自信，幸福感更强，对挫折的抵抗能力也更强，因为一个心中饱含正能量、临危不惧且从容淡定的人必然是一个气场辐射力极强的人。所以，想要拥有成功的人生、成功的社交，就要积极地打造自己的气场。

行动是内心想法最好的体现。行动往往具有一定的针对性，也就是说，你的某些行动是针对特定的人和事的，面对特定的人，你会有特定的表现，这有时也是工作的需要。比如，一个公司的领导在面对员工时，要恩威并重，既有威严又要给予关怀，而在面对自己的竞争对手时，有时却会露出奸诈狡猾的一面。那么，究竟哪些人会处于你的气场半径之内呢？你的气场辐射圈到底有多大呢？这对你的交际会有怎样的影响呢？下面的小测试将会帮助你揭晓答案。

1. 生活中的你总是随心所欲？

是→第 2 题

否→第 4 题

2. 你总会适当地压抑自己过激的情绪？

是→第 3 题

否→第 5 题

3. 你总是喜怒形于色，不论是高兴还是生气，你都会直接表现出来？

是→第 6 题

否→第 4 题

4. 你总是争取做那个站在队伍前面指手画脚的人？

是→第 5 题

否→第 6 题

5. 面对一些自己在乎的人时，你会做出一定程度的牺牲和退让？

是→第 8 题

否→第 7 题

6. 你是一个善解人意的人，总是能够站在对方的立场考虑问题？

是→第 7 题

否→第 9 题

7. 你总是轻视甚至讨厌和自己观点不一致的人？

是→第 9 题

否→第 8 题

8. 你非常重视家庭和睦，你认为和睦的家庭是最重要的？

是→第 12 题

否→第 10 题

9. 你不会因为他人的身份、背景而区别对待？

是→第 10 题

否→第 11 题

10. 你承认自己其实很自私？

是→第 11 题

否→第 12 题

11. 你喜欢掌控别人，特别是那些让你觉得难以掌控的人？

是→D 型

否→B 型

12. 你是典型的认亲不认理，对自己人和外人完全是双重标准？

是→C 型

否→A 型

测试分析

A 型：身边所有人。你是个表里如一的人，也不擅长敷衍，所以你会在所有人面前都表现出自己真实的一面。但同时，你也是一个缺乏安全感的人，游离于群体之外的状态会让你感觉无所适从。你需要的是被接受、被尊重，更需要坚实的群众基础和良好的口碑，所以你会认真对待每个人，正因为如此，你的气场辐射半径能够囊括身边所有的人。

B 型：*存在利益关系的人*。你比较务实，通常更在意那些与自己利益相关的人和事，至于对待其他的事，则是一副事不关己高高挂起的姿态。你不介意别人说自己虚伪、城府深，因为你本就是一个利己主义者，正因为这样，除了那些你想主动交好的人，其他人不会对你有太深的印象，因为你根本没有给他们留下太好的印象。

C 型：*在乎的人*。你是个很随意的人，不善于伪装也不屑于去伪装。你只在乎自己在意的人，因此总是忽视自己在其他人眼里的形象。你比较率性、洒脱，但也有一点小小的任性和固执，了解你的人会更加欣赏你，而不了解你的人则会将这解释为你的孤芳自赏。所以，通常那些你在乎的人更能感受到你强有力的能量场。

D 型：*追随自己的人*。你是个性比较强烈的一类人，从不愿意低头妥协。你有自己的控制欲，希望能够在特定的人群中占据主动权，所以，对于那些追随你的人，你会表现出自己精彩、优秀、令人钦佩的一面，而在你掌控不了的局势中，你宁可不去争取也不愿意被人们认为是平庸之辈。

　　气场强大与否关系着交际的深度，气场的辐射面关系到交际的广度。所以要提升自己的气场，与周围的人建立和谐愉快的关系，为自己营造更好的发展空间。按照下面的内容去做，你会逐渐打造自己的气场。

　　1. 不要随意发火。

　　2. 将嫉妒心理消灭在萌芽状态。

　　3. 不要对任何人冷嘲热讽。

　　4. 将不愉快的想法藏在心底。

　　5. 掌握开玩笑的分寸。

　　6. 如果某些评价不能在别人在场的时候当面说出，那么在背后也不要议论，说人是非者，本是是非人。

　　7. 不要说那种别人听了会生气或者对其不利的话。

　　8. 三思而后行，不要让手脚快于大脑。

　　9. 了解谈话对象，了解其身份、宗教信仰、兴趣偏好等。

　　10. 不要总是重复自己的话，同样的话、同样的事对一个人只说一遍。

　　11. 在异性面前更要镇定自若，出丑的人往往是那些急于表现的人。

　　12. 不要轻易承诺，不要承诺办不到的事，一旦承诺就要兑现诺言。

　　13. 被人误会时首先要认真解释，而不是急于反驳。

　　14. 永远不要逃避视自己为敌的人。

　　15. 丰富自己的生活，多培养兴趣爱好，并坚持下去。

　　16. 自己的爱好只留给自己，不要强加于其他人身上。

　　17. 允许别人与自己意见不一致。

　　18. 不要夸大事实，要实事求是地说自己亲眼看到的事物。

　　19. 握手时要真心诚意。

　　20. 对下属要向对待上级一样礼貌。

21. 充分尊重别人的权力和感受。

22. 不要轻易与人争论，靠激烈的言辞使对方了解或接受自己的观点并不是明智的选择。

23. 注意自己的形象。

24. 不要在大庭广众之下与人争吵。

25. 乐于帮助别人，并且认真地去帮助。

26. 不要歧视任何人、任何事。

27. 不要拿自己的优点与别人的弱点进行比较，这样很无聊。

28. 对待朋友要慷慨，但不必充当冤大头。

29. 理性消费，允许自己偶尔奢侈一回，但要记得积累财富。

30. 永远不要挑拨离间。

31. 永远不要对别人颐指气使。

32. 有自己的处世原则，但要不断地优化自己的原则。

33. 学会换位思考，即使面对的是你讨厌的人。

34. 在公众场合发言之前要打腹稿，如果是意外的发言，语速要稍微放缓，给大脑一定的思考时间，以免情急之下说出不得体的话。

35. 正视自己的弱点，并懂得如何改进。

36. 再辉煌也要平凡地生活。

37. 注意团队意识，不要做离群之雁。

38. 不要随便打断别人的话，尽量用沉默来回应那些不被你接受的言论。

39. 不要勉强别人做不愿意做的事。

40. 不要在对你非常了解的人面前逞强。

41. 在事情"成熟"之前不要讲出去，因为半生不熟的东西会让人消化不良。

42. 不要刻意讨好不喜欢自己的人。

43. 不要为了一己之利背叛真正的朋友，即使利益再大。

44. 求人帮忙时要有求人的姿态。

45. 不要试着去说服一个不理智的人。

46. 不要让对手看出你内心的想法。

47. 做个懂得感恩的人，不要冷落那些曾经帮助过你的人。

48. 任何时候，都不要为蝇头小利斤斤计较。

49. 永远不要自作聪明，因为人外有人。

50. 不要打没有准备的仗，不要轻易出手，要做好充分的前期准备。

好的交际是说出来的

语言是交流的中介。在一个人的综合能力中，语言表达能力占据绝对的比重。成功的交际家首先是出色的演讲者，因为语言是人与人沟通最基本的工具。出色的语言表达能力和技巧能够使交际过程更加轻松愉快，也能够达到更好的交际效果。

出色的语言表达能力需要具备三要素：清晰的思路、生动的语言和丰富的想象力。缺乏这些素质的人永远都无法掌握演讲的艺术，甚至连一次简单谈话的主动权都不能掌握。无须强调"天分"，因为"天才是 99% 的努力加上 1% 的汗水"，只要肯努力锻炼语言表达能力，总有一天，你也会口若悬河、妙语连珠。

1. 理清思路。没有清晰的思路，你的语言就如同无源之水：不知从何而来，不知去往何处。有了明确的思路，谈话的内容才能有核心，所以，你的思想底蕴要丰厚，而克服思想的贫乏只有一个途径，就是不断扩充自己的知识面，广泛收集材料，逐渐形成自己的观点，让脑海中的想法逐渐丰富。只有你对某个问题有了足够多的想法，你的思路才能形成一个清晰的脉络。

2. 提升语言表达能力。有了想法是首要问题，而如何将自己的想法准确地表达出来是另外一个重要的问题。再新奇的想法碰上了笨嘴拙舌也只能被埋没，所以，要注意表达能力的培养，首先就是丰富自己的词汇量，因为这是表达的原材料。其次，还要注重表达的逻辑顺序和措辞的使用，因为这是表达的基本功。需要注意的是，如果不是很有把握，尽量不要去说那些生僻的词汇、冗长的句子，更不要轻易使用说教的语气。

3. 勤于练习。抓住每一个表达的机会，即使是日常的对话，也要投入足够的精力，尽量使你的表达得体，符合谈话的内容。语言一定要简洁流畅、平实易懂，适当地增加一些正在收入词汇库的词汇，但是不要说那些晦涩拗口的。在日常的对话中，尽量用最少、最简单的语句表达最多的内容，只要能把事实交代清楚，把前后顺序、因果关系等逻辑顺序理清就好了。

4. 与自己对话。平时，可以将自己作为谈话的对象，在心中与自己对话。独处是很好的锻炼机会，将你看到的事、想到的事在心中说给自己听，可以适当增加一些修饰，润色自己的语言，融合一些肢体语言，尽量完整地表达自己的想法。而在整个过程中，你自己就是那个最忠实、最认真的听众，不断鼓励自己"说下去""我很感兴趣"。这种练习方式非常有效，在公众面前演讲时，也要向平时对自己讲话一样，尽量把观众当成一个个体，一个乐于听自己演讲、对自己的讲话非常感兴趣的个体。

5. 语言要连贯。在脑海中要储备一定的关联词，快速进行思考，尽量将一个关联词语句整理好后再说出来，不要刚说完"如果"，就没了下一句，给人感觉说话完全没有条理。要自然地由一个话题过渡到另一个话题，掌握好过渡句的使用，如果没有充足的准备，尽量不要用过快的语速。

6. 培养想象力。想象力的缺乏是导致语言枯燥乏味的主要因素。一个没有想象力的人，他的生活是单调的，自然也就不必奢望能从他的嘴里听到生动的语言。要深入地观察生活中的细节，就细节展开联想，并将联想尽量完整化，每一次联想都要有头有尾，如果你听到一句描述语言，那么你就要就描述的内容展开联想；如果你听到一个伤感的故事，那么你就要就伤感的情节加以想象。总之，在听或看到什么的时候，始终使大脑保持高速运转，这样你就会逐渐形成想象的习惯。想象力一旦丰富了，语言的内容也就充实了。

7. 培养勇气。一般的人不敢登台讲话，对着一群人讲话就会局促不安，是因为他怯场。其实说来很奇怪，当你面对一个或两个人的时候，你往往能够应付自如，可是当你面对的是一群人的时候，却忍不住手脚发抖，舌头打结。其实你可以将听众视为很多个个体，而不是一个整体。也就是说，在你公开进行演讲的时候，可以将目光依次锁定某几个人，试想自己是在对某几个人讲话，这样或许会减轻你的负重感和压迫感。同时，要鼓励自己勇敢地坚持下去，你颤抖的双手和涨红的脸颊都不是阻碍你继续发挥的借口，在征服别人之前首先要战胜自己。

8. 尊重你的听众。林肯总统曾经说过："每次演讲的时候，我都设想我的听众比我聪明，比我高明，每一个都是，所以我总是尽力说出最智慧的话语。"之所以这么做，是因为林肯总统意识到听众的重要性。如果你不能引起听众的注意，不能博得听众的掌声，那么再卖力地演讲也是无用功。尊重你的听众，首先要认真准备你的演讲，其次要充分发挥你的功底，当然，在整个过程中要牢牢地抓住听众的注意力，至少要让听众觉得听你的演讲不是浪费时间，如果他们能受益匪浅，那么说明你的演讲非常成功。

真正出色的语言能力不是巧舌如簧，而是将话说得精准到位。有时候辛勤卖力地干了半天活不如把话说到位，因为语言具有神奇的功效，恰到好处的语言总是能够使局势向有利于自己的方向转变，所以会说话的人通常比能干活的人更受重视。

第五章

正能量练习(四):打造积极情绪

　　情绪本身无关能量,只是主体对于外界事物的心理反应,然而在情绪产生与宣泄的过程中,却能传递出能量。显然,正面、积极的情绪将助长正能量,而负面、消极的情绪将生成负能量。那么如何客观地认识自己的情绪?怎样科学地管理自己的情绪?本章将帮助你排除负面情绪,打造积极的情绪,传递正能量。

你是情绪族吗

曾经有人这样调侃情绪化的人："这种人非常讲原则，他们的原则就是——看情绪。"其实，有情绪本身并不是什么问题，只有当情绪无法控制的时候才是问题。情绪是人的各种感觉、思想在外界刺激下产生的复杂心态，这种心态往往通过一定的心理反应表现出来，并附带着一定的生理反应。

情绪有很多诱因，每个人对不同诱因所产生的情绪是不同的，每个人都想在情绪的领域里趋利避害，但并非每个人都能做到。要想充实生活中的正能量，必须能够妥善地管理自己的情绪，以积极的情绪润色生活。而在掌控情绪之前，首先要对自己的情绪有所了解，知道自己是不是一个情绪化的人。

下面这个小测试将帮助你揭晓答案。每道题答案分别为"是"或"否"，仔细记录你的答案，现在开始测试。

1. 在匆忙赶往某处的路上，有熟人向你打招呼，你会尽量抽出时间停下脚步，认真回应对方吗？

2. 你从来不会不由自主或不经思考地随便发表意见？

3. 你很少一个人用餐，多数时候喜欢与朋友或者家人共同用餐？

4. 生活中很少有让你气不打一处来，甚至想大发雷霆的事情发生？

5. 当你发现你与朋友谈论的问题是他们丝毫不感兴趣的问题时，你会立刻转移话题，以免让对方扫兴吗？

6. 你通常不会因为别人的一句话而耿耿于怀？

7. 你从来不会将自己偏爱的物品摆放在公共位置，例如，你不会将自己喜欢的明星海报挂在你办公室的墙上？

8. 对待朋友你有一定的耐心，即使对方开了些让你心生反感的玩笑，你也不会真生气？

9. 你会适当地向他人吐露自己的不幸和遭遇的挫折，但是不会随意地抓住一个人大吐苦水？

10. 看电视节目的时候通常比较心静，很少随着主角的境遇而高兴或生气？

11. 和最好的朋友在一起时，你从来不掩饰自己的喜怒哀乐，但是和别人在一起就会收敛？

12. 和别人聊天时，你不会独占话题，更不会每次都将细枝末节说得很清楚，通常你会考虑对方在谈话中的感受，并密切观察对方对所谈话题的兴趣是否发生转变？

13. 你觉得控制情绪是职场人士的必修课？

14. 你不主张无所顾忌的说话方式，你认为适当地隐讳是避免触及对方心理承受底线的必要方法？

15. 有人认为恋爱中的人喜怒无常是可以理解的，但是你却不这么认为，或者不这样？

16. 在你的朋友中，你不喜欢的人少于 3 个？

17. 你能很好地掌握交谈对象的疲劳期，不等别人感受到疲倦，你就早早地离开？

18. 你讲话中很少出现"真差劲""太可恶了""真要命"这类的字眼？

19. 你很少发脾气，即便是面对日复一日致电"骚扰"的电话接线员和一些商品推销员，你也会保持应有的良好态度？

20. 自己正伤心难过，而身边的人却在开怀大笑，你会抱着理解和包容的心态默不作声吗？

21. 你很容易融入一个新的集体，并且往往能够迅速成为核心人物？

22. 你从来不拿别人开玩笑，在谈话中很照顾别人的心情、自尊，而且不会触碰他人的痛处？

23. 在打扑克时，你喜欢把手中的牌反复散开再合起来吗？

24. 你是个疾恶如仇，崇尚速战速决的处事方式的人吗？

25. 你懂得"做人留一线，日后好想见"的道理，不会当面指责别人？

26. 你是个乐观向上的人，即使遇到不如意的事时，你也不会情绪低迷？

27. 你陈述事情的时候会根据情况选择阐述方式，在别人缺乏耐心或时间紧迫的时候，你总会简明扼要地阐述重点内容；而当他人对你所讲的事很感兴趣时，你会认真耐心地讲述众多细节？

28. 你认为人各有志，对于你爱好的音乐、书籍、运动，如果别人表示不喜欢，你不会直接反驳对方？

29. 当你自己运气不好，但是你的朋友却走运成功了的时候，你真的替朋友高兴吗？

30. 你喜欢跟别人聊天并认为与不同的人打交道是一种快乐吗？

评分标准

以上每道题，回答"是"得1分，回答"否"不得分，根据得出的总分对应下面的测试分析来了解自己的情绪化程度。

测试分析

14分以下： 如果你的分数在这个范围内，那么你应该认真反思了，不但要检讨自己平时有意无意地情绪过激行为，更要好好学习掌控情绪的方法。通常，别人接近你、喜欢你是因为你的无拘无束能够让人感受到一种洒脱和热情，从而刻意去忽视你的无理取闹或情绪冲动。当然，每个人的容忍度都是有限的，如果依仗别人对自己的容忍而肆无忌惮地宣泄情绪，那么最终将使自己成为一个孤独的"情绪派"。何不学着成熟地应对周边的事物，更冷静地面对生活，而不是因为喜怒无常吓跑身边的每一个人。

15~24分：这个分数段还算很乐观，说明你是个善于控制情绪的人。通常，你察言观色的能力值得一提，能够成功应付一般的问题，懂得克制自己，基本能够做到对他人以礼相待。但是，这仅限于日常生活中，遇到重大的事情或特殊问题时，你在控制情绪方面的不足就会暴露无遗，这样的你往往会因一时的失控而使之前辛苦树立的良好形象一扫而空。所以，你要学习的不是在平时能管理好自己的情绪，而是在关键时刻依然能够收放自如。

25~30分：这个分数段非常理想，处于这个分数段的人通常都是处理情绪的高手。如果你身在此列，那么说明你在为人处世方面面面俱到、如鱼得水，基本上没有你不能对付的情绪。"情绪派"跟你是沾不上边的，你很少会犯些情绪化的错误，即使有，也会妥善地把握情绪的度，你只要继续发扬自己的淡定处世的风格就好了。

面对阳光，就看不到阴影

"心宽体胖"这一成语由来已久，意指心情愉快、无牵无挂，则人也会发胖。在现实生活中，的确如此。一个身心愉悦的人，常常会以饱满的姿态面对每一天，每当人们见到他的时候，都会觉得他满面红光、神采奕奕、天庭饱满，自然会受其感染，心中充满能量；而一个终日自怨自艾的人，每天愁容满面、眉头深锁，整个一幅"人比黄花瘦"的落魄窘相，与之相处久了，身边的人内心也会变得压抑烦躁。相由心生也是这个道理。

常常听到有人说起"自寻烦恼"这4个字，其实不只是烦恼，快乐也可以是自找的。负面情绪有很多，如气愤、焦虑、压抑或暴躁等，如果不加以克制，就会影响自己的身心健康，使自己的人生偏离积极的轨道。

想要学会管理情绪，必须修习情绪智慧，以使自己避免成为情绪的奴隶。

1. 能够清醒地认识自己的情绪变化。这是情绪智慧的必备条件，更是管理情绪的基础。只有时刻掌握自己变化中的情绪，了解情绪变化的趋势，才能够在情绪变化中占据主动权，在情绪走向恶化、极端之前加以制止。

2. 进行自我激励。善于自我激励的人更容易抵制不良情绪，在无形中将消极情绪抵挡在外。进行自我激励需要专注于既定的目标，充分发挥自己的创造力，克制冲动，延迟满足，并且时刻保持高度的热情。自我激励是一种难能可贵的情绪智慧，能够自我激励的人在管理情绪的过程中更游刃有余，且做事效率更高。

3. 觉察他人的情绪。情绪往往有传递和刺激的作用，觉察他人的情绪是必须掌握的情绪智慧。特别是对于谈判对象的情绪变化要时刻警惕，因为情绪往往是情绪的诱因，在相处的过程中，他人的情绪会直接或间接地影响自己的情绪。因而避免自己情绪起伏更明智的方式就是觉察他人的情绪变化，采取相应的措施加以诱导，使对方的情绪朝着对彼此有益的方向发展。

4. 协调人际关系。情绪与人际关系息息相关，妥善地协调人际的情绪智慧是指能够调节和控制他人的情绪反应，从而使他人的情绪朝着自己期待的方向发展的智慧。处理好人际关系是一个人能够被社会接纳的根本，因为个人发出的情绪信息会对交往产生非常重要的影响，如果你在与人交往中发出的情绪信息是积极的，那么交往过程将会更顺利。

具备了基本的情绪智慧，就要开始练习如何管理自己的情绪了。常常有人感叹生活不如意，对很多事情力不从心，其实并没有那么多的不如意，就如你的感慨和抱怨，完全是可以避免的。要学会做情绪的主人，掌控情绪，而不是追随情绪。情绪的管理是一门艺术，在管理情绪的过程中，需要做到以下几点：

1. 追根溯源。情绪的产生往往是一种或多种因素共同作用的结果，所以在处理情绪时，首先要对引发情绪的事件进行分析。情绪管理的对象不只针对消极情绪，很多积极的情绪如果过激往往会产生"乐极生悲"的效果。例如，当你被评为"先进个人"而内心充满喜悦时，一定要尽力保持低调，以免因虚荣心膨胀而落下骄矜的口碑。这时的你应该比平时更冷静，如果自己的业绩堪称拔得头筹，那么这个奖励可谓实至名归，你应该谦虚内敛，不要因锋芒毕露而使自己树敌；如果你自己业绩平平，那么这个奖项则很可能是为了激励你而颁发的，抑或是为了遏制某个业绩好又自大的人而颁发给你的，总之，情绪来临时，不要急于沉浸其中，而是先冷静地分析导致情绪的事情的来龙去脉，而不是稀里糊涂地被情绪牵着走。

2. 选择情绪。懂得选择情绪的人更能够适应生活。当面临外界刺激时，人们内心往往同时呈现出多种情绪，这时候就要适当地引导自己，运用正能量思维来实现情绪的过渡。例如，当你踏上离家的征程前往陌生的城市时，你的内心会同时充斥着悲伤、期待、畏惧等多种情绪，这时，你就要进行情绪的选择，在最短的时间内排解背井离乡的悲伤情绪，以对生活、对未来的美好期待和坚定的信念来抵消心中的畏惧，升级内心的蠢蠢欲动，让自己兴奋起来。

3. 转移注意力。这是一个简单易行又屡试不爽的办法，人在情绪极端的时候注意力往往更集中，而集中的注意力又会加剧情绪的激化，因此，适当地分散注意力是缓解情绪的直接办法。例如，你在几个数字之间犹豫了半天，终于选出一组数字作为购买的彩票号码，而当天的开奖号码却刚好是你放弃的那几个数字，你因此错过了大奖或只中了微不足道的小奖。与巨额大奖失之交臂的沮丧可想而知，一念之差酿成的遗憾也痛彻心扉，然而任由这种遗憾和自责发展下去，你只会越陷越深。这时，不妨将注意力转移到生活中某件你比较感兴趣的事情上，比如一首让你心情舒缓的歌，一个让你捧腹的小品，或者一本让你心情豁达的书，待逐渐冷静下来，告诉自己："沉湎于不如意的过去等于在做无用功"，慢慢地平复自己的心情。

4. 适当地表达情绪。如果说情绪的产生不受控制，那么情绪的表达方式却是可以掌控的。善于表达情绪的人的办事效率更高，生活质量也更高。例如，你代表公司去接洽一位客户，你如期到达约定地点，而对方却迟迟未到，这种浪费你时间的行为让你心生反感，而接下来还有一系列需要你紧急处理的工作等着你，你的不满情绪随着时间的推移逐渐上升。这时，如果你直截了当地致电斥责对方："为什么还没有到？""你怎么这么不懂得尊重别人？"那么结果可想而知，不仅你本次的工作任务会落空，之前等待的时间也白白浪费了，而且弄不好还会生出一些事端让你日后抽时间去处理。而如果你致电给对方时用委婉的语气和态度："您过了约定时间还没有到，这让我非常担心您是不是在路上遇到了什么麻烦？""不知道困扰您的事情处理得怎么样了？"试着用"我担心"代替"我生气"，也许会增加对方的负罪感，从而使对方立即做出解释并争取尽快如期而来。

5. 学会宣泄。在情绪管理的过程中，宣泄情绪是重中之重。采取合适的方式宣泄情绪，不但能够抵消负面情绪，还会点燃积极情绪，激发正能量。宣泄情绪的方式非常多，也因人而异，倾诉、痛哭、听歌、购物、散步或做极限运动等，总之，不仅要适合自己，更要分场合、时间、地点，酌情考虑。例如，一个刚经历过事业打击的人往往会痛哭一场，这其实是可以理解的，但是要为自己选择合适的场合，一个人躲在家里大哭一场，或当着至亲的面痛哭一场都合适，可是如果在公众场合，特别是在工作地点不分情况地号啕大哭，往往会让不明所以的人对你的印象大打折扣，如果恰巧被上司看到，他一定会认为你是个情绪化的人，不够理智也不够成熟，从而在分配任务时会避免将重要的任务分派给你，这就在无形中对你的事业造成了不良影响。

其实很多时候，悲观的人会在无形中放大事情的阴暗面和烦恼的辐射面，而乐观的人则能够清楚地认识到事情的积极面和烦恼的短暂性与临时性。虽然我们没有一一实现自己的理想却能够将现实逐步理想化，给自己一点动力和勇气，勇敢地面对生活中的不如意，科学地管理自己的情绪，让自己的生活充满正能量。

如何缓解紧张的情绪

　　紧张的情绪在生活中非常普遍，当精神或肉体受到某种冲击时，人们往往会表现出紧张。例如，在某个重要的场合作报告时，在与心爱的人共同步入幸福的礼堂时，在决定事业成败的某个时刻，在面临重大选择的某个阶段……很多人都会抑制不住内心的紧张，而紧张的程度与事件对自己的冲击力的大小成正比。

　　短期的紧张会表现为情绪亢奋或躁动，导致活动力增加、身心能量损耗，但随着心境的平复，这种情绪会渐渐消失。而长期的紧张会使精神处于高度的准备状态，兴奋不安，阶段性的紧张则会引发忧郁或烦闷情绪，从而使身心能量逐渐耗竭、免疫力下降、思考与记忆力减退。另外，长期的紧张状态还会导致睡眠不安稳、头痛、心悸等症状，职场中的压力带来的紧张更是不容小觑。例如，长期的职业压力可能会造成职业倦怠，整个人焦躁不安，严重的会引发焦虑症、抑郁症甚至自杀等恶性事件。

　　当然，紧张并不是无法战胜的，相反，只要保持乐观的心态积极地面对紧张的情绪，不久将会扭转形势，生成积极的情绪。瑜伽中的放松式呼吸法就是克服紧张情绪的一剂良药。

　　动作要领：

　　第一，吐净气。要缓慢地往腹部吸气，像要把腹部胀起一样。然后把填满腹部的空气逐渐提升到胸部。接下来，使空气逐渐转移到喉咙里。

　　第二，慢慢地使腹部瘪下去，轻微地缩胸，肩部放松，缓慢吐气。

吸气的方法：

1. 选一个自己感觉最舒服的姿势坐定。

2. 把胸、浮肋和肚脐提起，挺直脊骨。

3. 尽量向下低头，使颈部变得柔软，然后收束下颌。

4. 人的情绪之源位于肚脐和心脏之间。脊背必须经常同这个情绪之源保持接触，身体的前部也要始终与之接触。同时伴随进行胸部向上方和两侧扩张的动作。

5. 保持上一步的姿势，同时身体保持直立，切勿向前、后和左右倾斜。

6. 不能使横膈膜出现紧张。要把空气深深地吸入横膈膜的底部。可以想象自己正从浮肋下、腰的周围开始吸气，这是放松式吸气的秘诀。

7. 为了顺利地接受吸入的能量，使肺部预先处于一种被动的状态，特别是要使肺部的节律与进入空气的流动合拍，如同把水倒入肺的底部。

8. 肺活量一般的人，在肺脏完全发挥机能之前，必须小心翼翼地、缓慢地提高肺部接纳空气的容量。

9. 支气管从气管分出，与肺的末梢血管相连接，在那里又分为细支气管。空气到达细支气管的过程就像水渗透在土壤中那样，同时也应感受到被体内的细胞所吸收。在感觉这个吸收过程的同时也应感受到宇宙的能量（普拉纳）也被吸收进来，浸透体内，给人带来"幸福感"。

10. 吸入的能量从鼻进入体内，被身体的精神所吸收。在吸气的过程中，意识从肚脐上升到胸部上端。呼吸者必须始终感觉到身体、精神、心理、生理上升与意识成为一体。这样，身体、呼吸、意识与内在之神便结合起来。

11. 皮肤的每个毛孔都要发挥旨在吸收普拉纳的作用。如果在吸气的过程中出现紧张，手部的皮肤就会变得粗糙。请呼吸者通过观察手部的皮肤状态来调节自己的呼吸。

12. 在吸气的过程中不能提肩，否则上肺部就得不到完全的扩张，后颈部也会出现紧张。假如仔细观察，就会发现肩被提起后，是立刻就落下的。为了避免肩被提起，可以预先抬起胸部。

13. 松弛喉部，把舌平放在下颚上，但不能抵到牙齿。

14. 要闭眼，并使眼部肌肤松弛。要预先使眼敏感，以便使它能在内视吸气时，眼球总是习惯朝上转动。

15. 耳部、脸部的肌肉，前额的皮肤也要预先松弛。

呼气的方法：

1. 摆正姿势，其方法参照吸气法前四点。

2. 同吸气一样，呼气也要缓慢地进行。为此，不能让吸气时抬起的肋间肌和浮肋松弛。否则，很难做到呼气的顺畅和缓。

3. 呼气的动作从上胸部开始，因此不要使这部分回缩。慢慢地呼气，直到肚脐收缩，气完全呼出，这样，身体便与灵性融合在一起了。

4. 在呼气前，要把脊柱及其左右两侧稍稍提起，使全身如同扎根于地的树木那样稳固。

5. 在呼气的过程中身体尽量保持平稳，不要晃动，否则会扰乱神经和精神的活动。

6. 不要收回胸部，慢慢地顺畅地呼气。假如气息变得粗而急，那是因为胸部和脊背回落以及没有注意观察气息的流动。

7. 在吸气的过程中，上半身的皮肤会趋于紧张。但在呼气的过程中，要注意松弛上半身的皮肤。同时避免使背部的内侧沉落。

8. 手臂内侧和胸侧的皮肤不能在两腋下互相接触。但也无需特意把手臂向外伸开，只要在腋下处留出少许空间即可。

以上为最常见、适用面最广的放松式呼吸法，正确的吸气能够使人去除倦怠，而正确的呼气则能够平缓神经，缓解压力。正确的呼吸法在有效按摩内脏的同时刺激各生理腺体进行良性的分泌，激活脉、轮的潜在力量，增加元气，为更深入的精神修养和灵性的开发奠定基础。因此，在紧张的时刻、紧张的阶段，不妨时常以放松式呼吸法调整情绪，让自己拥有更强的情绪消化能力和更充沛的精力。

教你不焦虑

在开始本节的内容之前，首先进行一项小测试，结合自身的情况，参考以下每项中陈述的情况，如果情况与自己十分相像，记 3 分；有些相像，记 2 分；只有一点像，记 1 分；完全不像，记 0 分。

1. 我在陌生的环境里要花很长时间才能适应。

2. 在我做事情的时候，如果有人在身边指手画脚或指指点点，我会很容易出错。

3. 当众发言时我总是脸红心跳。

4. 对我来说，与陌生人交谈是一件很困难的事情。

5. 我通常会逃避抛头露面的任务。

6. 和身份重要的人一起吃饭时，我会抑制不住地手发抖。

7. 常常会想象自己在公众场合出丑的样子。

8. 会因为他人控制了局面而感到别扭。

9. 觉得在某个自己在意的领域，如果自己不能掌控主动权就代表自己很失败。

10. 经常会莫名其妙地感到焦躁不安，但又不知道具体原因。

11. 经常会感到梦想或渴望的成功带来的强大压力。

12. 每当需要做出选择时就会出现紧张、恐惧、疑惑等心理，畏首畏尾，不愿意做决定。

13. 对别人的话很敏感，常常患得患失。

14. 内心深处非常渴望得到别人的认可；如果没有被认可就会产生强烈的挫败感。

15. 很难专心做好一件事，面对突发状况往往会手足无措。

16. 常常被工作或生活中的事所困扰，失眠多梦，容易惊醒，食欲不振。

将每一题的得分相加，最后得出的总分越高，说明你的焦虑症状越严重，反之亦然。例如，你的分数在40分以上，说明你有较为严重的焦虑症状，需要及时调节，以免恶化，引起其他不良的并发症状。

即使在测试中你的分数较低，也不能掉以轻心，对自我调控能力一般的人来说，焦虑随时都可能发生，并会随着遇到问题的复杂性和严重性的加剧而深化，所以，驱赶焦虑情绪是必备的生存技能。

第一，增加自信。这就需要从焦虑产生的根源说起，焦虑往往是由于对自己的不自信，对自己能力的怀疑、人生的否定导致的，焦虑的人往往习惯于夸大自己失败的可能性。因此，想要克服焦虑，首先要战胜自卑心理，树立自信心。例如，每天早上醒来，告诉自己能睁开眼看这个复杂的世界是一件很幸福的事情，告诉自己今天有什么任务需要去完成；每天晚上睡前，告诉自己在这一天中自己哪件事做得非常棒，哪件事可以做得更好，以及如何做得更好。每天增加一点自信，焦虑的程度就会降低一些，久而久之，就会将焦虑赶出自己的生活。

第二，自我放松。一位外国著名的心理学家曾经研究出"数颜色法"。这种方法就是，当你焦躁不安，无法集中精力做某事的时候，或者想要逃离所处的环境时，不妨先静下心来留意周围的颜色，并在心中默默地告诉自己看到的每一件物品的颜色。比如，在心里默默地对自己说："办公室的墙是白色的，窗台上的盆景是绿色的，办公桌上的文件夹是粉色的，抽屉里的签字笔是黑色的。"这种方法经过验证，对大多数人来说都很奏效，这不仅涉及注意力的转移，更是通过生理机能来抵御焦躁：人在极端焦虑时，肾上腺素的分泌会加快，从而使肌肉紧绷，血流也加速，这时的身体机能已经做好了应激准备。而随着注意力的转移（如数颜色），理智思考问题的能力会减弱，伴随的生理功能也会"走神"，从而削弱焦虑程度。

第三，记情绪日记法。情绪日记不同于生活日记，这是专门记录情绪变化的日记。记录者可以根据自己情绪的波动，记下自己每天的情绪状况，例如在什么时候，因为什么事而焦虑，产生了何种程度的焦虑等。对经常产生焦虑感的人来说，情绪日记如同"病例"，可以随时查看最近的情绪变化和焦虑频率，隐忍和压抑都不是解决问题的良策，积少成多的焦虑情绪会对身上的正能量产生强烈的冲击，甚至会挤占正能量的空间。所以，记录情绪日记可以帮助记录者有效地进行自我反省，弱化焦虑程度，降低焦虑发生的频率。

第四，音乐缓解法。音乐疗法在心理学中非常适用，在情绪治疗中可信度也很高。音乐具有强烈的感染力，是缓解情绪的有效方法。生活中运用音乐来影响人们情绪的例子比比皆是：快餐店在客流量大时会播放节奏感强的音乐，以促进人们加快用餐速度；婴儿睡觉时母亲会哼唱轻缓温馨的摇篮曲，以使其迅速进入梦乡；运动会上会播放激昂的音乐，以激发运动健儿的斗志……而在焦虑的时候，可以选择一些舒缓的轻音乐，以听觉上的享受代替感觉上的焦虑，对时常焦虑的人来说，选几首自己喜欢的音乐随身携带是明智的选择。

第五，运动缓解法。运动会消耗身体的能量，但却能激发内心的正能量。焦虑与运动，一个是内心的激烈波动，一个是身体的激烈运动，但是二者并不冲突，当焦虑难耐时，可以选择一些适度的运动，如跑步、打球、跳舞等，通过肢体语言宣泄内心的波动，这是被证实的科学的减压方式。在国外某个公司，有个专门供员工宣泄紧张、焦虑、惊慌等情绪的房间，在这个房间内，有不同的运动器材，有音响设备，也有公司高级主管的模型，每当员工被巨大的工作压力困扰时，便会来到这个房间释放情绪，或是高歌一曲，或是对着某个严格的主管的模型大骂一顿。总之，通过一阵发泄，员工能找到内心的平衡，再回到岗位上继续工作。

除了以上的几种方法之外，还有很多方法，只要是对缓解焦虑情绪有益的，都可以适当运用。

此外，还有一点需要格外注意，焦虑是导致失眠的重要因素，因为人们往往会因为焦虑而产生紧张不适的感觉，在这种状态下辗转难眠是不可避免的，如果不能有效地改变这种状况，则会使自己变得更加焦虑，如此一来，便形成了恶性循环。在对待因焦虑而产生的失眠时，要避免一些误区，"心病还需心药医"，因此建议通过情绪调节来治疗，而不是盲目地用药。在调节失眠症状时，千万要避免以下几点：

1. 在下午或晚上喝咖啡、吸烟。任何刺激中枢神经的饮品都会对睡眠造成影响，所以，如果你常常焦虑难眠，首先要停止饮用这些有兴奋作用的饮品，避免吸烟。

2. 强制入睡。如果因为担心自己会睡不好觉而强制自己去入睡，只会因为用脑过度而加剧失眠。睡眠往往是在精神放松的状态下开始的，因此千万不要强制自己去入睡。

3. 给自己施压。当睡眠不好的时候，一定不要"自己吓唬自己"，如警告自己如果今天睡不好就会影响明天的工作。特别要避免影响自己情绪的假设，因为这样只会加重自己的心理负担。例如，你经常会半夜醒来，然后到天亮都睡不着，如果你不断地告诫自己"千万要一觉睡到天亮，否则又得大半夜醒来……"那么结果只会更糟。

4. 过早地躺在床上。睡得多而浅不如睡得足而深，好的睡眠与时间长短没有太大的联系，在每天保证 8 个小时睡眠的前提下，要追求睡眠的质量，过早地躺在床上翻来覆去，还不如在睡前 3 个小时做适度的运动，然后泡个热水澡，这样有助于保证睡眠质量。

抵制焦虑的过程既非想象中那么痛苦，也非报道中那么恐怖。只要保持乐观的心态，时刻给自己积极的暗示，很多问题都能迎刃而解，让自己浑身上下充满正能量，让正向因子打败一切焦虑的诱因。

愤怒是悔恨的开始，悔恨是愤怒的结束

冲动是魔鬼，发怒是祸水。道理人人都懂，可是真正能够平心静气面对问题的人却少之又少。

每个人的内心深处都藏着一个小宇宙，当矛盾过于激烈、情绪过于激动的时候，这个小宇宙会瞬间迸发出令人震撼的威力。随着生活压力的增加，人们的暴力倾向往往也越发地明显。那么你的发怒指数是多少呢？你是否是易怒的人呢？

下面有一道题目，根据题目中假设的情景，在几个选项中选出最接近你的一项，然后对照测试分析寻找自己的答案。

在生活中，虽然人人都知道以和为贵，但是因为一点小事而引发的口舌之争随处可见，当你与对方的意见水火不容，且对方咄咄逼人时，你会怎么办？

A. 找个借口逃避，尽量避免争端。

B. 无视对方的无理取闹，该做什么做什么

C. 气得情绪激动，甚至大哭

D. 毫不退让，与对方进行唇枪舌剑

E. 不惜出口恶语中伤他人

F. 直接进行人身攻击

测试分析

选 A：通常来讲，你并不是一个容易被激怒的人，或者说你总是尽量躲避使自己火冒三丈的事情。其实逃避争吵并不是一件难以启齿的事情，因为人在愤怒的时候智商会低得可怕，且难以保持理智，这样难免会为自己的人生留下遗憾。所以，与其在一些无关痛痒的琐事上浪费时间，不如转过身去给自己一个更广阔的空间。

选 B：可以说你是一个很擅长处理怒气的人，因为你能明智地将怒火消灭在源头，去避免一些影响自己情绪的事情。或者你对吵架没有太大的兴趣，你认为吵架本身就是一件非常无聊的事，所以你不主张在情绪激动的情况下处理纷争。

选 C：宣泄情绪的方式有很多种，痛哭无疑是能在短时间内奏效的一种。但是如果你能首先把精力放在引导情绪而不是宣泄情绪上，或许结局对你更有利。例如，在面对别人的挑衅时，你首先应该冷静，转移怒火，而不是急于宣泄怒火。

选 D：或许在你眼里退让是比隐忍更不能让人接受的事情，所以一旦你被激怒了，你会毫不客气地发泄你的怒火。如果在你的情绪中再融入一分理性，那么你或许会发现，发怒不但不能更好地处理问题，甚至会制造更多的问题。

选 E：你是个发怒指数比较高的人，受不了一点委屈，更容不得一点冒犯，所以在生活中的你很难有真正的朋友，大多数人都会对你敬而远之。这并不是什么值得欣慰的事情，因为有益的人际关系应该建立在彼此尊重的基础上，而不是以敬畏为前提的妥协。

选 F：你非常容易动怒，堪称一个"暴君"，动辄大发雷霆的你往往会有种不怒而威的感觉，靠拳头吃饭的时代早已经远去，太过极端的处理问题的方式只会让你的处境更加难堪。

生气是在抑制正能量，根据著名的精神分析学家弗洛伊德的观点，人们倾向于将不好的想法从意识中遣送到潜意识中去。一旦进入了潜意识，那些消极的想法就会转化成为精神能量。当人们积累了足够多的精神能量时，那些想法便开始通过多种不健康的方式影响人的意识，导致人们产生愤怒、抑郁、焦虑等情绪。弗洛伊德认为，要保持良好的状态，就要在这些消极的精神能量爆发之前将它们释放，特别是愤怒的情绪，应该在第一时间将其消灭。

那么，如何迅速有效地制怒呢？

1. 伸出一只手，用另一只手的食指和中指一起在伸出的手的脉搏部位打圈按摩，这样可以迅速降低怒火。

2. 当你怒不可遏的时候，不妨在说出气话前将舌头在口腔内左右转动几圈，这也是快速降火的小窍门。

3. 深呼吸。将舌头放在上牙齿后部的口腔顶端，然后心中默默从 1 数到 5，用鼻子慢慢呼吸，然后心中默默数 7 个数字，接下来，屏住呼吸，然后再默数 8 下，慢慢呼出气体。将以上过程重复 4 遍，有助于彻底抵消怒气。

4. 可以在没有人的地方大喊几声，想象着自己在大喊的同时把心中的怒火也喷射出去，这样会有助于降火解压。

5. 预想后果。在愤怒的情绪发泄之前，先紧闭双唇，停止一切发泄活动，预想一下你爆发后周围人的反应以及你的爆发对事情的影响，这样或许你会酌情强迫自己降低怒火。

以上几种方法适合临时降火，另外，还有一个更长效的方法，即"渐进式肌肉放松法"。这个方法需要先故意绷紧身体多处的肌肉，然后再慢慢地放松。

首先，脱下鞋和紧身的衣物，使身体处于放松状态，在凳子上以舒服的姿势坐下。将精力集中于右脚。轻轻吸入一口气，将脚部肌肉尽量紧绷 5 秒钟，然后呼气，释放所有紧张的肌肉，使其充分放松。接着，按照以下顺序对全身各部分肌肉进行练习。

右脚→右边的小腿→整个右腿→左脚→左边的小腿→整个左腿→右手→右前臂→整个右臂→左手→左前臂→整个左臂→腹部→胸部→肩颈→面部。

长期坚持渐进式肌肉放松法，可以有效地缓解愤怒情绪。

制怒的关键在于身心修养，使自己拥有一颗从容淡定的心和开阔的胸怀。愤怒是拿别人的错误惩罚自己，更是有损自己的身体健康和人格尊严的不理智情绪，所以，想要摆脱消极情绪的束缚，首先要学会制怒。

摆脱恐惧情绪，避免恐怖人生

有位哲学家曾说过，当希望消失时，恐惧就会产生。在生活中，却往往呈现出相反的一面：恐惧一旦产生了，希望也就越来越渺茫了。

从心理学的角度来说，恐惧其实是主体企图摆脱某种束缚、逃避某种情景却又无能为力时的情绪体验。从生理学的角度来说，恐惧表现为生物体生理组织的剧烈收缩，能量急剧释放，如果任由这种情绪继续下去，很可能会导致非常可怕的后果：生理现象消失，也就是机体的死亡。

越来越多的心理学家将恐惧作为心理研究与治疗的重要内容，这是因为外部环境和躯体本身的致病因素往往会使人产生恐惧感，接下来引发其他心理以及生理功能的异常变化。所以，从这个角度来讲，恐惧对人的身心健康的危害程度最大。

那么，对你来说，恐惧到底有多遥远？下面这个测试将帮你揭晓答案。

1. 找出一些自己最近一次拍摄的照片，看完后你的想法是什么？

A. 觉得并不满意

B. 觉得还可以

C. 觉得非常不错

2. 你是否能想到多年后会有什么使自己倍感不安的事？

A. 经常想到

B. 只是偶尔会想到

C. 几乎从未想到

3. 是否常常有朋友、同事或同学给你起绰号？

A. 几乎没间断过

B. 很少有这种情况

C. 几乎没有谁给我起淖号

4. 你上床以后，是否经常再起来一次，看看门窗是否关好？

A. 经常如此

B. 偶尔如此

C. 从不这样

5. 你是否常遇见一些让你在其面前手足无措的人？

A. 经常

B. 很少

C. 我在任何人面前都淡定自若

6. 一个人在家的时候，开着灯时困得不行，可一关灯就睡意全无，对周围的动静非常警觉？

A. 几乎每次都这样

B. 只有看过恐怖片后才这样

C. 从来不会这样

7. 你是否经常因为梦见了可怕的事情而惊醒？

A. 经常

B. 很少

C. 从没有

8. 你最近是否多次在梦中梦到同样的情况？

A. 是的

B. 不记得

C. 否

9. 每次看到坟墓、棺材、花圈之类的事物，你都会内心紧张，甚至不敢靠近？

A. 是的

B. 有时候这样

C. 我从来不怕这些

10. 除去你所看见的世界外，你心中有没有另一个世界的模样？

A. 有

B. 不清楚

C. 没有

11. 你总是担心父母或爱人会弃你而去？

A. 经常

B. 偶尔

C. 从不担心

12. 看电影时，每当看到剧中的人物一个人走在黑暗的胡同中或响起紧张的配乐时，你就会蒙上眼睛不看屏幕？

A. 是的

B. 很少这样

C. 从不

13. 看到怪异的景象时，你总会不自觉地往令自己恐怖的方向联想？

A. 是的

B. 偶尔

C. 从不

14. 你觉得没有人能真正了解你的内心想法？

A. 是的

B. 不知道

C. 否

15. 清晨睁开眼，你的第一个情绪是什么？

A. 忧郁

B. 说不清

C. 快乐

16. 提到"秋天"，你首先想到的是什么？

A. 遍地枯叶的萧条景象

B. 秋高气爽

C. 丰收

17. 你在高处的时候，是否会有想下蹲或让手或臀部接触地面的
感觉？

A. 是的

B. 有时

C. 从不

18. 你觉得自己的身体是否称得上健康？

A. 否

B. 亚健康

C. 健康

19. 回家的第一件事是立刻把房门关上？

A. 是的

B. 有时候

C. 不是

20. 你坐在小房间里把门关上后，是否会觉得心里不安？

A. 是的

B. 偶尔

C. 否

21. 面对让你心生畏惧的人时，你会抑制不住自己的紧张情绪？

A. 是的

B. 有时候

C. 从不

22. 你是否常常用抛硬币、翻纸牌、抽签之类的游戏来测凶吉？

A. 是的

B. 偶尔

C. 从不

23. 一个人在家时，会把电视、电灯都打开？

A. 是的

B. 偶尔

C. 不是

24. 当恐惧情绪产生时，你会用多久平静下来？

A. 超过一个小时

B. 半个小时左右

C. 不到 5 分钟

25. 你是否会看到、听到或感觉到别人觉察不到的东西？

A. 经常这样

B. 只是偶尔

C. 从未这样

26. 你是否觉得自己需要进行胆量训练？

A. 是的

B. 还好

C. 不需要

27. 你是否曾经觉得有陌生人跟着你走而心里不安？

A. 是的

B. 不清楚

C. 否

28. 你是否常常觉得有人在暗中关注你的言行？

A. 是的

B. 偶尔

C. 否

29. 当你一个人走夜路时，是否觉得前面暗藏着危险？

A. 是的

B. 偶尔

C. 否

30. 你对别人自杀有什么想法？

A. 可以理解

B. 说不清楚

C. 不可理喻

评分标准

以上各题选 A 记 2 分，选 B 记 1 分，选 C 记 0 分，将每道题的得分相加，根据分数选择分数段，并参考解析了解自己的情绪状况。

测试分析

0~20 分：说明你很少有恐惧感或恐惧感并不强，这也侧面说明你是一个自信心强、活泼热情的人。通常你能够理智地面对生活中的负面新闻，这也使你成为一个能够积聚正能量、传递积极影响的人。

21~40 分：这个分数段说明你的恐惧程度在可控范围内，但是仍然不排除很多事情会引发你的恐惧感。在长期的若即若离的恐惧下，生活会变得沉重不堪，这不但会束缚你的创造力，还将使你对人生、对事情过于冷漠，形成消极的处世观。

41~50 分：处于这个分数段的你需要警惕，恐惧感如影随形，你的生活完全被打乱，而且情绪也处于极度紧张状态，遇到事情忽冷忽热、瞻前顾后，如果不迅速摆脱恐惧，那么你最终将走向恐怖的人生。

51 分以上：当你的测试分数位于这个阶段，那么你的人生已经亮起危险信号，你务必请心理医生进一步诊断，接受正规系统的治疗。

不仅要了解自己的恐惧感的强烈，更要清楚自己属于哪种恐惧类型，以便于有针对性地消除恐惧。以下为三种常见的恐惧类型：

1. 特定场所恐惧。顾名思义，这种恐惧是指当事人对一定的场合所特有的恐惧，例如"广场恐惧""旷野恐惧""深海恐惧"或"森林恐惧"等。存在这种类型的恐惧的人在身临某些场合时会产生强烈的畏惧或抗拒心理，严重者还会伴随抑郁、人格分裂等现象。

2. 社交恐惧。这主要表现为当事人在社交场合下感到害羞、尴尬、局促，生怕自己一不小心成为别人耻笑的对象。例如，不敢在别人的注视下工作、书写或进食；害怕聚会，害怕与人近距离相处，更害怕组织以自己为中心的活动；畏惧当众演讲，不敢与重要的人物进行交谈；有些人甚至回避与别人的视线相遇。这种恐惧的对象往往是陌生人或异性。

3. 特定恐惧。指当事人对某一特定物体会有夸张的恐惧情绪。例如，有人看到猫就四肢发抖；有人看到血迹就惊恐万分；有人即使看到电视中的蛇也会情绪紧张，有人听到打雷就害怕。这种恐惧往往源于人们对某一事物的根深蒂固的偏见，因此克服需要一定的勇气和毅力。

恐惧感往往源于人类自我保护的生理本能，并且会发生在任何使人觉得可怕的情境下，例如，当生命、尊严、财产受到威胁的时候。有些人的恐惧心理是暂时性的，而有些人的恐惧心理会持续很长时间，严重危害到人的身心健康，这就需要对恐惧情绪进行干预和治疗。恐惧对生活和工作造成的困扰往往超乎想象，所以必须学会遏制恐惧情绪，这是使生活步入正轨的必然之举。以下几种方法有助于在日常生活中消除恐惧心理。

1. 以毒攻毒。这是一种相对"残忍"却很容易奏效的方法，就是强迫自己面对、接触让自己害怕的事情。比如你害怕猫，那就强迫自己去抱一只小猫，不断抚摸它，直到面对猫的时候能心平气和为止。

2. 补充知识。美国作家爱默生说过，恐惧常起因于无知。特别是一些生活中的"诡异"现象，其实都能用科学解释，最典型的案例莫过于当年的"鲁迅踢鬼"，可见，具备一定的科学知识是多么重要。在生活中，"鬼神论"者大多是文化水平有限、向神灵寻求心灵慰藉的人，因此，要注意知识的积累，特别是物理、化学等与生活息息相关的知识。

3. 回避。对属于特定场所恐惧类型的人来说，这也是个不错的办法，如果让自己胆怯不安的是生活中不常或者很少去的场所，那么大可敬而远之，尽量避开这些地方。

抑郁，亦可治愈

如今，抑郁已经成为一种常见的情绪，随着生活节奏的加快和生活压力的加剧，越来越多的人开始抑郁。然而，存在抑郁情绪的人却总是忽略这种消极情绪的弊端，从而引发抑郁症。抑郁症的诱发因素非常多，其显著特征是明显而持久的心境低落，且心境低落与其处境不相称，严重者会逐渐演变为重度抑郁症，甚至会出现自杀的念头和行为。

抑郁的情绪拥有极大的负能量，轻度的抑郁者会终日闷闷不乐，对任何事情都缺乏兴趣；而重度的抑郁者则会产生悲观、绝望等情绪，甚至会有度日如年、生不如死的感觉。同时，抑郁的人还会伴随反应迟钝、记忆力减退等现象，对生活、工作、情感、家庭的危害不胜枚举。轻度的抑郁是可以通过自我调节来缓解症状的，而重度的抑郁则需要在医生的指导下进行系统的治疗。

正所谓对症下药，首先要清楚自己是否抑郁，患有哪种程度的抑郁。下面这个小测试将帮助你了解自己目前的情绪状况。

以下每道题有 4 个选项，选择最接近自己的那一项。

1. 关于自信：

A. 我觉得自己很棒，不比谁差。

B. 我觉得自己有些方面存在不足，需要改进。

C. 我无法原谅自己的某些缺点，更没法忽视自身的不足。

D. 我常常觉得自己拿不出手，对自己感到深深的自卑。

2. 关于失望：

A. 我几乎没有对某件事产生大失所望的感觉。

B. 有的时候我会对自己感到非常失望。

147

C. 我常常对自己的某些表现感到失望。

D. 我对自己几乎已经丧失信心了。

3. 关于悲伤：

A. 我很少会陷入悲伤的情绪中。

B. 生活中偶尔会有些事让我触景生情。

C. 我总是感到悲伤，常常无法自拔。

D. 我觉得世界充满了悲伤的颜色，一切都让我沮丧。

4. 关于热情：

A. 我通常都会热情饱满地迎接每一天。

B. 热情与否看心情而定。

C. 通常我都会比较冷淡，很少有能激起我热情的事物。

D. 我习惯了冷漠，过多的热情会让我觉得不自在。

5. 关于挫败感：

A. 我很少会产生挫败感；

B. 失败并不能给我带来太大的冲击。

C. 回想以往的生活，我觉得几乎被失败填满。

D. 我觉得自己的人生就是失败的，所以做什么都是错。

6. 关于负罪感：

A. 我通常能正确认识自己的过错，并及时改正，很少会产生负罪感。

B. 我偶尔会对自己犯下的错误深感自责。

C. 我常常被内疚心所困扰。

D. 我觉得自己就是罪恶的化身，做什么都是错的。

7. 关于疲倦：

A. 我总是能保持充沛的精力。

B. 偶尔我会很想尽情放松，因为积压的疲倦突然袭来时我会措手不及。

C. 我常常感觉力不从心，心力交瘁。

D. 我时常被疲惫感包围。

8. 关于欲望：

A. 我觉得最近的生理需求同平常没什么区别。

B. 有时候对性生活并不是特别憧憬。

C. 常常处于性欲低靡期。

D. 对性生活基本丧失兴趣。

9. 关于自杀：

A. 我从来没有过自杀的念头。

B. 偶尔会有自杀的想法，但是从没实施。

C. 曾经尝试过自杀，但是最终没勇气面对死亡。

D. 只要有合适的机会，我会毫不犹豫地结束自己。

10. 关于兴趣：

A. 对于以前感兴趣的事物仍然有很大的热情。

B. 有时会觉得百无聊赖，对什么都提不起兴趣。

C. 常常觉得自己已经接近清心寡欲，对越来越多的事情不感兴趣。

D. 觉得生活索然无味，没有一个让自己眼前一亮的事物。

11. 关于减肥：

A. 只要不是太胖，我不需要减肥。

B. 我觉得保持健康的体质最重要，减肥必须以健康为前提。

C. 我对自己的体重严重失去信心，觉得自己很有必要减肥。

D. 我觉得再不减肥我的人生没法继续了。

12. 关于健康：

A. 我一直没有减轻体重的感觉。

B. 我有体重下降的感觉。

C. 我感到体重下降了许多。

D. 我体重下降太多了。

13. 关于食欲：

A. 一想到自己喜爱的食物就有迫不及待想吃的冲动。

B. 只是偶尔会觉得食不知味。

C. 以前很多爱吃的东西现在看了都没感觉。

D. 目前的我对什么食物都提不起兴趣。

14. 关于哭泣：

A. 哭泣的频率和以前差不多。

B. 发现最近哭泣的次数比以前多了。

C. 不知道为什么，总是想找个借口大哭一场。

D. 时常觉得想哭却怎么也哭不出来。

15. 关于急躁：

A. 最近我镇定了很多，不再像以前那样火急火燎了。

B. 发现自己最近比以前急躁了些。

C. 常常被激怒，而且很容易被激怒。

D. 最近神经紧绷，感觉稍有不慎就会爆发。

16. 关于信任：

A. 我还是一如既往地相信曾经认为值得信任的人。

B. 随着时间的推移，有些曾经要好的人已经不确定到底是否值得自己信任了。

C. 人心隔肚皮，不要轻易相信别人，即使是曾经关系要好的人。

D. 现在的我几乎不相信任何人。

17. 关于决定：

A. 只要是我决定的事情，我一定会不遗余力地去做到。

B. 现在的我已经不像以前那么容易做决定了。

C. 我觉得做决定是件痛苦的事情，需要考虑的因素太多了。

D. 我已经无法做出任何决定了。

18. 关于魅力：

A. 我觉得自己的魅力不会随着时间的延长而减弱。

B. 我觉得自己的魅力只有在一定的场合才能绽放。

C. 我觉得自己的魅力被一点点磨灭了。

D. 我觉得自己几乎没有魅力可谈。

19. 关于干劲：

A. 即使换了新的环境，我也能够像以前一样充满干劲。

B. 我觉得现在要开始做一件事情，往往要花费比以前大的气力才行。

C. 越来越多的事情让我觉得力不从心。

D. 我觉得自己已经智穷力竭了。

20. 关于睡眠：

A. 基本上躺下没多久就能睡着。

B. 虽然入睡不成问题，但是睡眠质量却逐渐下降。

C. 不管多累，躺在床上也需要一两个小时的缓冲才能入睡。

D. 如今睡眠成了困扰我的一大问题。

评分标准

以上答案中选 A 不得分，选 B 得 1 分，选 C 得 2 分，选 D 得 3 分，将所得分数累加，并根据得分情况参照下表判断自己的情绪状况。

测试分析

0～14 分：正常范围，基本上可以排除抑郁症的可能性。

15～24 分：多少有些情绪波动，但都在可控范围之内，及时调节即可。

25～34 分：徘徊在抑郁症的边缘，应该进行心理调节，选择适合自己的缓解抑郁的方式。

35～49 分：轻度抑郁症，需要及时治疗，以免症状加剧。

50 分以上：重度抑郁症，必须在医生的指导下进行治疗，以免任由情绪走极端。

对普通的抑郁情绪来说，治疗的方法非常简单，只要坚持，就能有效削减抑郁情绪，避免抑郁的复发。

1. 正视生活中的不如意。不是每个人都能参透繁冗的人生哲学，但是在面对点滴小事的时候，要养成积极乐观的心态。例如，当饥饿的人看到一片面包时，如果这个人是悲观的，他一定会说："只剩一片了，怎么够啊？"如果这个人是乐观的，他一定会说："谢天谢地，还剩下一片面包呢！"结果很明显，前者怀着郁闷的心情吃下那片面包，仍然郁郁寡欢；而后者怀着感激的心情吃下面包，并对接下来的生活充满了期待。世上本无事，庸人自扰之，这话其实一点都不假，忙碌的人是没有时间抱怨的；乐观的人是不屑于伤春悲秋的。所以你的情绪左右着你的生活，而不是你的生活决定你的情绪。

2. 学习辩证的思维与智慧。要认识到事物的矛盾性，鱼和熊掌不能兼得时要学会果断地做出有利于自己的取舍，犹豫不决只会平添苦恼。如果你羡慕一个官员的只手遮天，那么你不妨想想权力倾轧下的残酷斗争自己是否能适应得了；如果你羡慕一个商人的声势显赫，那么你不妨想想尔虞我诈的商场斡旋自己是否能应付得了。总之，人生的每一个阶段都有其独特的风景，无权无势的升斗小民不必时刻谨言慎行；没有重任在身的人有充分的自由和时间。其实，你得不到的往往就是已经得到的人正烦恼着的。

3. 避免钻牛角尖。抑郁的人有个共性，就是爱钻牛角尖，越是让自己烦心的事就越上心，进而加剧自己的抑郁情绪。其实生活中处处都是新奇，在工作强度大时要激励自己："收入往往和付出成正比，如此大的工作强度背后是丰厚的利润。"休闲在家时要懂得享受家里的吵吵闹闹："能够听见孩子在一旁又吵又闹说明他们很健康，孩子的健康胜过一切。"总之，要时刻用正能量激励自己，告诉自己生活中的每一个烦恼都是另一种快乐和享受。

4. 心病还需心药医。抑郁情绪比较严重的患者需要服用抗抑郁的药物，但是千万不要对药物产生依赖性，不要一烦闷就服药，心病还须心药医，药物只是暂时缓解症状的途径，将抑郁消灭在源头才是根本。

怎样实现情绪的和平过渡

情绪是行为的先导。屠格涅夫曾说过："人的内心深处藏着一片幽暗的森林。"

显然，在这片溢满神秘色彩的森林中，情绪无疑是决定植被存亡与长势的直接因素。

一直以来，情绪被认为是言行的培养基，其走向在一定程度上决定着人们的举止。而情绪的复杂性又决定其出现的意外性，如果说出现一种情绪时可以应付，那么多种情绪同时出现或交替出现时，又该如何应对？

坏情绪是事业成功的绊脚石，因此，面对棘手的问题，同时面临多个不同情况时，必须具备良好的情绪控制能力和情绪过渡能力，否则你就会变得十分被动。

下面这个心理测试将帮助你更好地了解自己的情绪控制能力。

1. 在你的眼里，工作的定义是什么？

A. 分派到个人头上的工作任务。

B. 帮助别人满足心理需求。

C. 实现自己增加收入、达成人生目标的途径。

2. 以下选项中，更符合你观点的是：

A. 做事应该以互利为前提，最好不使任何一方受委屈。

B. 只要是做自己喜欢的事情，即使吃亏也无所谓。

C. 处理问题时应该照顾到每个人的情绪，在不影响大局的情况下尽量使每个人有所收获。

3. 在工作中，你的情绪：

A. 非常容易被同事的态度和言语所影响。

B. 有时候会被影响。

C. 不会轻易被影响。

4. 你正在接待一个特别难缠的客户，尽管你的解说已经够详尽，但对方仍然重复问很多无关痛痒的小问题，这时你会：

A. 难以控制自己的不耐烦，严肃地告诉对方这些问题自己已经解释很多遍了。

B. 委婉地告诉对方自己刚刚的解释已经涵盖他所有问题了。

C. 压抑自己的烦躁情绪，继续面带微笑地解释。

5. 面对不喜欢甚至很讨厌的同事时，你通常会：

A. 态度比较冷淡，不喜欢委屈自己说些违心的话。

B. 公事公办，但在工作之外不会有什么深入的交流。

C. 抛开个人意愿，用工作的热情激发自己和他们积极地沟通。

6. 你是个擅长"变脸"的人吗？

A. 不是，我通常被一种情绪包围的时候很难在短时间内转变情绪。

B. 还好，在必要的时候我会用不同的态度面对不同的人。

C. 是的，我是个典型的"见什么人说什么话，遇什么事带什么表情"的人。

7. 当你正好运当头喜不自胜的时候，一个关系一般的朋友在你面前面露愁容，这时你会：

A. 继续沉浸在自己的喜悦中，谁都有走运和倒霉的时候，没必要同情别人。

B. 适当地收敛自己的笑容，关系再怎么一般也要照顾别人的情绪。

C. 立即收起自己的笑容，亲切地问对方是否需要帮助。

8. 通常你会把别人对你提出的质疑看成是：

A. 他们对我不感兴趣，或者是出于对我的嫉妒。

B. 他们对我有一定的兴趣，只不过我还不够优秀。

C. 他们提出意见是希望我更出众。

9. 当身边的人对你态度忽冷忽热时，你会：

A. 情绪受到很大干扰，觉得自己简直要疯了。

B. 别人的态度怎样与我无关，我只要自顾自地生活就是了。

C. 冷静地面对别人的各种反应，尽量始终保持随和。

10. 你怎样看待情绪不稳定的人？

A. 可以理解，毕竟影响自己心情的事太多了。

B. 如果不是特殊情况，应该尽量控制自己的情绪。

C. 不管因为什么事情，都应该保持情绪稳定，这是对一个成熟的人最起码的要求。

评分标准

每道题选 A 记 0 分，选 B 记 1 分，选 C 记 2 分，计算出你的总分数。

测试分析

0～7 分：生性敏感的你并不善于控制情绪，很容易受到他人的影响。如果总是带着情绪工作、与人相处，久而久之，你的生活也会被你阴晴不定的情绪牵连，这对你的工作和生活是极其不利的。

8～15 分：你具有较强的情绪控制能力，通常能够妥善地处理情绪，知道什么时候该控制自己，什么情绪不该表现出来，什么情绪应该适当地表现，因而不会对你的生活造成太大的影响。

16～20 分：你是个很善于隐藏不良情绪的人，同时也擅长根据不同的情境协调自己的情绪。在与人相处时，你总是能够左右逢源，处理问题时，也往往能旗开得胜。

在对自己的情绪有一定的了解之后，便可以进行情绪释放与过渡训练了。

第一，要对焦情绪。

所谓的对焦情绪，就是将思绪集中在引发自己的情绪的事情上，就如同在照相之前先锁定拍摄的目标，调准焦距一样。情绪对焦的具体办法就是闭上眼睛，触发情绪，让情绪如同放映电影一样在大脑中闪现，在某个引起情绪起伏的片段上定格。

当然，如果面对的是令自己非常痛苦而又想回避的事情，只需要锁定自己的情绪类型即可，例如，你省吃俭用几个月买的一件奢侈品丢了，这让你十分遗憾和烦闷，你只需要将情绪锁定在遗憾和烦闷两个词汇上即可。

　　第二，评估情绪的强度。

　　进行情绪对焦之后，要审视自己情绪的强度，比如用 1 到 5 的数字来表示，数字越大则情绪越强烈，那么你所面对的情绪的强度是多大呢？记下自己的分数，在做完释放训练之后再评估自己的情绪强度，以利于检验训练成效。

　　例如，你讨厌蟑螂，你先回想一下上次见到蟑螂时的情景，然后对这一回忆所引发的情绪进行评分，得分为 4，在做完情绪释放训练之后，你对相同情景产生的情绪的评估值为 1，说明释放训练很成功。

　　第三，向自己宣告。

　　所谓的向自己宣告，就是在潜意识中默默地肯定自己、鼓舞自己，在心中默念一个句型：虽然我_____，但是我仍然_____自己。在第一个空内填写困扰自己的事情，在第二个空内填写引导自己走出困境的词汇。例如：

　　虽然我没有通过资格考试，但是我仍然深深地相信自己。

　　虽然我撒了个谎，但是我仍然原谅自己。

　　虽然我被别人嘲笑，但是我仍然接受自己。

　　宣告的重点是开导自己，因此无需太讲究客观性。

　　第四，逆向联想。

　　逆向联想指的是对引发自己情绪的某事加以逆向、反向联想。例如，由于私事，你错过了公司组织的年度旅游，你情绪非常消极，充满抱怨，这时，你可以试想一下自己到了外地后由于水土不服，加上旅途奔波而疲惫不堪，也许还不如在家里处理事情舒服呢。

　　第五，换位思考。

　　所谓的换位思考就是让自己站在别人的角度，以旁观者的身份看待自己的情绪。例如，你刚刚升职加薪，在面对朋友、同事时不可避免地夸夸其谈，展望美好的未来，这时，如果你站在对方的角度想一下，如果有人在你面前自吹自擂，宣扬自己的业绩，你一定会觉得这个人虽然小有成就，但目光短浅，不会有太大出息；或者当你郁郁不得志而听到别人吹嘘自己的平步青云时，你一定会觉得对方是小人得志。

　　换位思考能够让你更清醒地认识自己的处境，同时有利于规避不良情绪的扩散。

　　在进行完以上训练之后，再评估一下自己的情绪，看看自己的训练是否有效。长期坚持用不同的方式化解不良情绪、和平地过渡情绪，你的生活会更加轻松如意。每天为自己的情绪补充一分正能量，你的生活就会少十分的负能量。

第六章

正能量练习（五）：培养乐观心态

曾经有人说过，最惨的破产莫过于对自己丧失热情。其实，可以把心态比作人生的导火索，心态若改变，态度就会跟着改变；态度改变了，习惯也会跟着改变；习惯改变了，性格便随之改变；性格一旦改变了，人生就会跟着改变。可见，咖啡是苦还是甜，不在于怎样搅拌，而在于是否放糖，放了多少糖。积极的心态如同放在咖啡里的方糖，分量越重，咖啡的苦味越淡，甜味越浓。

敢于修正自己

充满正能量的人生需要积极的心态辅佐。长期以来，人们习惯于在颂扬明君贤士的典籍中寻找自己的影子，然后将自己欣赏、崇拜的角色定义为努力追逐的方向。其实，只有全面地了解了自己，才能塑造出更出众的自己，充分的自我认知是改变人生的开端，更是提升自己的前提。

下面是一道情景测试题，请认真做出选择，并结合测试分析来全方位地剖析自己的心态。

你一个人走在森林中，走着走着，突然看见前边不远处有一个破旧的小木屋。

1. 你觉得这个小木屋现在处于什么状态？

A. 门窗都关着

B. 只开着窗

C. 门窗都开着

2. 你走进屋子，发现里边有一张桌子，这张桌子是什么形状的？

A. 圆形的（或椭圆形）

B. 方形（正方形或长方形）

C. 三角形

3. 桌子上放着一只花瓶，这只花瓶是用什么材料制成的？

A. 玻璃

B. 塑料

C. 金属

4. 瓶子里有多少水？

A. 一整瓶

B. 半瓶

C. 没有水

5. 你走出了屋子，继续向森林中行走，看见一棵非常罕见的大树，请问这棵树的罕见之处在于？

A. 异常高大

B. 异常粗壮

C. 造型奇特

6. 你在大树下面发现一串晶莹圆润的珍珠，你捡起来数了数，共有几颗珍珠？

A. 1～3 颗

B. 4～6 颗

C. 7～9 颗

7. 你继续往前走，想要寻找一条出路，这时，你的眼前出现了一座城堡，请问这个城堡是什么样的？

A. 崭新的

B. 半新半旧

C. 破旧的

8. 你进入城堡，看见一个满是黑水的巨大的游泳池，肮脏的水面上漂着很多张钞票，你是否会捡起这些钞票？

A. 会

B. 不会

9. 你继续向里走，看见一个清澈见底的小游泳池，这个游泳池的池底有很多宝石，你是否会下水捞这些宝石？

A. 是

B. 否

10. 你从另一个口出了城堡后，看见一座美丽的大花园，花园里有很多红色的玫瑰花，请问这些红玫瑰现在是什么状态？

A. 含苞待放

B. 正怒放

C. 已经枯萎

11. 花园里有一座小桥，你认为这座桥在什么位置？

A. 花园入口处

B. 花园中间

C. 花园的角落里

12. 这座桥是用什么材料制成的？

A. 木头

B. 金属

C. 石头

13. 走上这座桥，看见不远处有一匹马，它是什么颜色的？

A. 白色

B. 灰色

C. 黑色

14. 这匹马现在在干吗？

A. 安静地站立

B. 悠闲地吃草

C. 在奔跑

15. 突然刮起一阵龙卷风，眼看就要向你袭来，你会怎么办？

A. 返回城堡

B. 躲在桥下

C. 骑马奔跑

测试分析

1. 小木屋的状态

门窗紧闭：你内心深处有些自卑，这使你自我保护意识很浓，不愿意对人敞开心扉，不愿意与人分享自己的心情。

只开着窗：内敛的你会谨慎地寻找结交对象，有选择地吐露心声，而且通常会有所保留。

门窗大开：你是个很放得开的人，你的情绪和心情经常处于公开化的状态，对你而言倾诉远远胜于隐藏。

2. 桌子的形状

圆形（椭圆形）：你很注重自己的社会地位，在朋友圈中常常能够左右逢源，有很多值得相信的好朋友。

正方形（长方形）：相对保守的你自我保护意识很浓，你只会对一部分朋友推心置腹，而对于好感并不强的人都是点到为止。

三角形：交友谨慎苛刻的你在选择朋友时比较挑剔，正因为如此，你的好友寥寥无几，挚友更是近乎没有。

3. 花瓶的材料

玻璃：生活中的你是一个敏感而脆弱的人，常常渴望得到别人的理解和呵护。

塑料：你表面很坚强，但是内心有很多温婉细腻的情感，支持声会令你信心十足。

金属：你是一个不折不扣的强者，比起理解和鼓励，你更需要实实在在的帮助。

4. 瓶子里的水量

一整瓶：你对目前的生活状态非常满意。

半瓶：你对现状并不是十分满意，还有很多没有实现的理想。

没有水：你的现状让你很不满。

5. 树的罕见之处

异常高大：你很骄傲，认为自己身上有很多过人之处。

异常粗壮：你比较务实，会客观地看待自己的优缺点。

造型奇特：你心理存在一种扭曲的自卑，将自己视作某个领域的小丑。

6. 珍珠的颗数

1~3 颗：你无欲无求，并不是特别在意金钱。

4~6 颗：在生活所迫时，你对金钱的欲望会膨胀，然而当困境解除时，你就不会太在意金钱。

7~9 颗：你的物质欲望很强烈，很多行为都是以获得利益为目的的。

7. 城堡的样子

崭新的：你是一个追求新奇的人，对于保守的观念和事物充满抗拒，甚至常常挑战约定俗成的规章。

半新半旧：你比较安分守己，习惯按照固有的模式去生活，虽然偶尔会灵光一现，产生一些让人耳目一新的想法，但是大多数时候都会用严肃的态度抑制自己的言行。

破旧的：你是个墨守成规的人，对于流行的事物总是本能地排斥，你认为生活应该循规蹈矩，蠢蠢欲动的突破感会让自己显得很浮躁。

8. 是否会捡起钞票

会：你风流成性，即使在伴侣面前也丝毫不收敛。

不会：在伴侣面前，你会表现得专情钟情，不会拈花惹草。

9. 是否会捞宝石

是：当伴侣不在身边时，你的风流本性就会暴露无遗。

否：即使一个人的时候，你也不会与人暧昧不清。

10. 玫瑰花的状态

含苞待放：就目前而言，你的阅历还不足以使你达到你所期望的高度，处世思维尚且稚嫩的你其实需要一个雕琢自己的舞台和空间。

正怒放：你是个事业心很强的人，你总是不失时机地展现自己、提升自己，因为你对于自己的未来抱有坚定的信念，因此你给人的感觉总是精力充沛，充满干劲。

已经枯萎：在你的意识里，消极的观念要占上风，在你的生活中，遗憾的事情远远比令自己欣慰的事情多，所以你需要给自己的心态补充能量。

11. 这座桥的位置

花园入口处：你比较心直口快，不喜欢拐弯抹角。

花园中间：你很在意他人的感受，因而有时会隐晦地表达自己的想法。

花园的角落里：你常因为在意他人的感受而隐藏自己的真实想法，宁可忍气吞声也不会撕破脸皮。

12. 这座桥的材料

木头：你是个很容易妥协的人，常常被别人三言两语说动。

金属：你通常都会坚持自己的原则，但也会根据情况酌情变通。

石头：你非常固执，一旦做了决定就不会改变。

13. 马的颜色

白色：你在他人的印象中是单纯善良的。

灰色：你给别人一种猜不透的感觉。

黑色：在他人眼中，你是一个老谋深算的人。

14. 马在干吗

安静地站立：你的时间观念很强，并且人生很有规划，喜欢按部就班地完成自己的计划。

悠闲地吃草：你是典型的稳中求变型，即使创新也会在一定的范围内进行。

在奔跑：你的思维活跃，总会有让人耳目一新的创意，但不可避免地因为大大咧咧而犯些小错误。

15. 刮起龙卷风，你的选择

返回城堡：亲人是你最主要的避风港。

躲在桥下：朋友永远是你失意时的首要倾诉对象。

骑马奔跑：爱人是你生活的绝对重心。

通过以上测试，想必你对自己的心态已经有了一定的了解。其实，一个心态积极的人并不是否认消极、拒绝消极的人，只是在生活中，他学会了释放自己，不让自己沉溺于消极的氛围之中。心态在心理学上的定义为：动能心素和复合心素所包含的各种心理品质的修养与能力。这句话看起来比较晦涩，其实通俗地讲，心态无非是人们在面对外界刺激时所体现的态度、观点，这与其性格特征息息相关。

心态有积极、消极之分，但是并不代表有优劣之分，充满正能量的生活呼吁积极的心态。在对自己的心态有了一定的了解之后，你是否做好修正自己、完善自己、培养乐观心态的准备了呢？从现在起就开始行动吧。

"变态族"，谁在左右你的心情

在开怀大笑时，你总会突然想起一件让自己生气的事情？

你对自己的收入非常不满意，却苦于没有能力改变？

你是否被默认为办公室内最突兀的人？

你是否肯为了事业抛头颅、洒热血？

你很少能与周围的朋友打成一片？

遇见陌生人时，你总是板着面孔？

你是否会为了一个小小的疏忽而大发雷霆？

你是否对新人的加入格外警惕？

你是否为了守住饭碗而沦为"隐婚"人？

你总是莫名其妙地焦躁不安？

你是否被推举为"抑郁性微笑"的代言人？

……

如果在你的生活中，以上情况有部分或大部分属实，那么，你已经成为众人眼中的"变态族"了！如今，"变态"已经成为我国近八成白领阶层的代名词，尽管心理专家和包括这些白领在内的很多人都认为这一称呼有失公允，然而很多与工作环境格格不入的白领们还是摆脱不掉"变态"的名声。

要知道，忽冷忽热的生活态度是十分不利的，不仅让生活中充满负面情绪，还会影响周围人的心情和整体的工作效率。

那么，你是怎么一步步沦为阴晴不定的变态族的呢？

曾有人调侃说，活在这个时代、这个世界，谁如果没有点心理问题都不好意思出门见朋友。

职场人员流动率的直线上升、工作领域的激烈竞争、房贷、车贷的压迫，往往令匍匐在工作第一线的人们辗转反侧、焦躁不安，尤其是在一线城市，人们的心态问题尤为明显。"变态"族的"与众不同"并不是与生俱来的，他们中的大多数人都曾是满腔热血的有志青年，所谓的"变态"只是在异常的环境中产生的正常反应。

曾有人做过一次有趣的网络调查，请一些上班族投票选出最关注、最担忧、最恐惧的几个词汇。其中参与度最高的是"最恐惧"一项，在接受调查的对象中有 85% 的人参与了这项投票，据统计，最令职场人士恐惧的 5 个词汇依次为"裁员""减薪""降职""加班""扣工资"。

由于外部环境和自身条件的限制，生活和工作中的变动是难免的，如果任由消极心态发展，生活质量必将直线下降。想要让自己的正能量值直线上升，就必须轻松地应对各种心态，及时调整自己的心态。

1. 提高专业水平。三百六十行，行行出状元。每个行业都有其赚钱的规律，不论从事哪个行业，最重要的还是扎实业务素质，因为在每一轮淘汰风波中，被边缘化的往往都是那些业务不精的人。所谓"变态"，无非是不能应付生活中的各种变故，如果你的业务水平或专业技能达到了一定的深度和精度，那么你就会有足够的底气，就能轻松地应对各种突变，而不是焦躁不安。

2. 培养综合能力。能够面面俱到最好，但每个人的能力和精力有限，如果不能精于某一领域，就要通于各个领域。一个成功的项目不仅需要专业人才，很多时候还需要博采众长的复合型人才。如果你不确定自己的专业性，那么就要保证自己的全面性。比如一名销售人员，如果不确定自己的推销本领是一流的，那么就要把眼界放宽，争取全面提升自己，例如要学会办公软件的高难度操作、对于打印机等办公设备的基本维修要牢牢地掌握等，这些看似与本职工作无关的领域很可能会影响你的职业发展。

3. 协调人际关系。人群中的佼佼者往往不是严肃刻板、特立独行的人，而是八面玲珑、左右逢源的人。对一个城市产生陌生感，是因为这座城市里没有让你感受到温暖的人和事，一旦你有了谈得来的朋友，哪怕只有那么几个，你对这座城市的陌生感就会大大降低。好的人际关系可以让你侧面了解一些五花八门的事情，这会使你逐渐熟悉越来越多的事，从而增加底气和自信，面对陌生事情的时候最起码不会紧张。

4. 打好心理预防针。未知的风险很多，无法掌控的事情也很多，如果不是十分有把握，不要急于展望成功后的美好，更不能自恃出类拔萃而无所顾忌。很多事情不能用常规的思维去揣摩，很多时候，首先出局的人正是那些能力过人、功高震主的人。

5. 坦然地面对现实。失败并不是什么丢人的事情，要拥有"塞翁失马，焉知非福"的心态，千万不要颓丧。每一次的失败都是一次收获，善于吸取教训的人才有成功的潜质。

获得他人尊重的前提就是学会自我尊重。因此，"变态"族要想得到理解和尊重就要先学会自我尊重，不要轻易发泄自己的不良情绪，更不要随性处理人际事宜，转嫁压力的方法有很多种，然而最坏的一种就是肆无忌惮地发泄。

抵制虚荣：切除心灵的肿瘤

在经济领域，女人的钱是公认的最好赚的钱，即使在经济萧条的时期，女性群体的消费能力也不容小觑。疯狂上涨的 GDP 里，有女人的虚荣心不可磨灭的功劳，在奢侈品店里，每一笔令人咋舌的开销的背后，都有一个女人的万劫不复的信念、坚定不移的决心和坚不可摧的自残式省钱。因此，上涨的 GDP 往往被男人们戏称为"带血的 GDP"。有这样一个笑话：

在一个社交舞会上，到场的人无不衣装华丽，男人风度翩翩，女人仪态万千。一个身材惹火的女人由于一点小意外而没能穿自己早就准备好的凸显身材曲线的礼服，而只穿了一件款式一般的宽松裙子。一路上她捶胸顿足，因为那件礼服是自己省吃俭用几个月买下来的，结果却没能派上用场。

到了会场，她没有收到任何赞许的言辞和惊艳的眼神，这时，她听见身边两位男士对一个穿着性感的女人大为赞赏："没想到她的身材这么好，以前真没发现。""是啊，这件礼服只有穿在她身上才能大放光彩。"女人压抑着内心的郁闷走到另一个角落，结果却听见一些男士对另一个穿着华丽的女人不吝夸辞。几经辗转后，她一直都在备受冷落中听到男人们赞赏其他的女性。终于，几杯红酒过后，她的嫉妒之火被某个男士对某个女士的暧昧眼神点燃了，她大喊一声："有什么了不起，如果那些礼服穿在我身上，还轮得到她们矫情做作吗！"说罢想撩起裙子秀出自己的长腿，无奈她情绪失控，力度也过大，不小心露出了自己的廉价内衣……

有位知名的学者说过："一个人炫耀什么，说明他缺少什么。"其实虚荣心是普遍存在的，每个人都有不同程度的虚荣心。合理的虚荣心能够激发人的斗志，促使人更加努力地拼搏，但是虚荣过度则无异于为自己套上了心灵枷锁，使自己困顿于痛苦与挣扎中。所以说，虚荣会开花，却不能结果。那么你的虚荣心到底有多强呢？不妨通过下面的测试来揭晓谜底：

1. 和异性一起挤公交车的时候掉了 20 元钱在车外，你会不会下车把钱捡回来？

会→第 5 题

不会→第 2 题

2. 你的饭量很大，但是和朋友出去吃饭时，宁可吃不饱也不会肆无忌惮地吃？

是→第 3 题

否→第 7 题

3. 买礼物送人时，通常以华丽美观、品牌知名度为主，而不考虑实用性？

是→第 4 题

否→第 7 题

4. 在谈话中，你常常看似无意地说起令自己自豪的事情，甚至为了炫耀做一番铺垫？

是→第 8 题

否→第 11 题

5. 我认为过分谦卑的人其实就是虚荣心特别强的人？

是→第 6 题

否→第 7 题

6. 你很在意别人对你的评价，如果身边的人说你穿某件衣服不好看，即使刚刚高价购买的你也不会再穿？

是→第 7 题

否→第 9 题

7. 对于流行产品，就算是分期付款也要买下来？

是→第 4 题

否→第 8 题

8. 当有人向你讲述一些令你羡慕不已的经历时，你内心会非常焦急，恨自己不能超越对方？

是→第 11 题

否→第 9 题

9. 很多你明明感兴趣的问题，例如算命，但在朋友面前，你却常常表现出不屑和鄙夷？

是→第 11 题

否→第 13 题

10. 你身上只带了 2000 元，有朋友向你借 3000 元时，你会说忘记带钱包出来，而不是坦白地说你钱不够？

是→第 15 题

否→第 13 题

11. 你和朋友外出游玩，当你发现周围人穿得比你时髦或者用的数码产品比你的高端时，你会找借口早点离开？

是→第 15 题

否→第 10 题

12. 对于第一次见面的人，你最好奇的是对方的学历和职位？

是→第 16 题

否→第 15 题

13. 很少买奢侈品，但是一旦看上哪件心仪的奢侈品，就算花高价也要买下来？

是→B 型

否→A 型

14. 你觉得婚姻生活必须有足够的金钱做铺垫，否则就没法营造出羡煞旁人的浪漫？

是→C 型

否→B 型

15. 和朋友一起吃饭，即使你已经捉襟见肘了，但你还是会硬着头皮请客？

是→第 16 题

否→第 14 题

16. 买东西的时候，即使是价格很低的，你都会用大钞请人找钱给你？

是→D 型

否→C 型

测试分析

A 型：虚荣心指数：★

你是一个比较务实的人，不会因为流行趋向改变自己的喜好，甚至觉得就品牌、款式和型号比来比去是件无聊透顶的事情。凡事我行我素的你从不随波逐流，更不会做出为了赢得别人一个羡慕的眼神而打肿脸充胖子的事情。这份踏实、沉稳在物欲横流的现代社会实在是难能可贵。

B 型：虚荣心指数：★★

你觉得一定的虚荣心是可以理解的，因此也容许自己在经济条件允许的情况下偶尔奢侈一下，花高价买些能彰显品位和身份的产品。当然，也不排除这种可能，就是和朋友在一起的时候，为了不扫对方的兴或者迎合对方而花些心里认为不必要的钱。虽然朋友无身份高低之分，但是要好的朋友最好是志同道合的，特别是消费观，以免给彼此带来不必要的心理负担。

C 型：虚荣心指数：★★★

虚荣心是扭曲的自尊心，因此，除了虚荣心强，你的自尊心也很强，你是一个不愿意认输的人，更不愿意在你在意的领域被别人比下去。你很在意别人的眼光，更在意别人的评价，因此总是力求展现出最完美的自己，以免被众人评头论足。要知道，强撑的虚荣不如低调的真实，盲目地攀比、不合时宜地班门弄斧只会让自己丑态百出，尴尬不已。

D 型：虚荣心指数：★★★★

你的表现欲太强，控制欲也旺盛，恨不得自己能面面俱到，在任何领域都鹤立鸡群。这样一来，你也变得十分紧张、敏感，一旦有人在哪方面超越了你，你就会不可遏制地眼红腹诽，如果对方完全遮住了你的光芒，你甚至会加以诋毁。嫉妒如同一颗肿瘤，已经在你的心中扩散，如果不及时切除，你的人生将变得畸形，你的性格也会越来越可怕。

　　愚蠢是虚荣心的影子。虚荣心往往伴随一种破坏性心理，因为虚荣会引发嫉妒，使人对才华、容貌、能力比自己强的人怀恨在心甚至产生报复行为。为了满足自己的虚荣心，人们往往会刻意制造出虚假现象和浮夸的语言，让心中缥缈的幸福感在别人眼里变得"真实"起来；通过夸大或捏造事实来获取他人的肯定、赞赏，以此来消除内心的遗憾和缺失。然而事实上，这种行径是极其愚蠢的，因为没底气的虚荣、不真实的炫耀过后，往往是别人加倍的嘲讽和自己加倍的难堪。

　　那么，如何切除虚荣这颗心灵的毒瘤呢？

　　1. 用责任心代替虚荣心。虚荣心与责任心最大的区别在于，虚荣心迫使人不断地与他人进行比较；而责任心则使人不断地与之前的自己进行比较，鞭笞自己做好本职工作。虚荣心带来的落差感和荣誉感确实会迫使人奋进，激发人的创造力，然而如果过多地关注名利会陷自己于非常被动的处境，也会给自己带来巨大的压力。例如参加一项比赛，如果你仅仅是因为兴趣而参赛，那么成败对你来说无非就是能力、水平的衡量。但是如果你因为成功后所获得的名利和关注度而参赛，那么成功对你来说是走向更大的虚荣的开始，而失败对你来说无异于毁灭性的打击。因为憧憬惯了众星捧月的生活，你当然不能接受备受冷落的自己。

　　2. 不要高估自己的优点。

　　一只雄孔雀的长尾闪耀着金黄和青翠的颜色，画家们都难以描绘得生动逼真。这使得这只孔雀心生不满，觉得这些愚笨的画家遮盖了它的光芒。久而久之，它就对自己漂亮的尾巴产生了溺爱之情，无时无刻不展示它的尾巴，就连在山野栖息的时候，也总是要先选择搁置尾巴的地方才安身。一天下大雨，雨水打湿了它的尾巴，捕鸟人就要到来了，可它还是无限爱怜地回顾自己美丽的长尾，不肯飞走，终于被捉住了。

孤芳自赏到一定程度，就会做出不理智的事情，鸟兽如此，人更是如此。

3. 正视自己和他人。每个人都会带着包容的心态面对自己，同时也会带着挑剔的心态去面对他人，这是由人的自我保护的本能和排他性决定的。你的现状只是你的起点，而不是你的终点，所以不必带着嫉恨的眼神去看那些优于自己的人。开阔的眼界会使你充满正能量，以见贤思齐的态度面对周围的人。

4. 培养健康的好胜心。虚荣和好胜的共同点是不甘于落后，内心深处都渴望超越。但是虚荣的基本心理是"你强，我让你越来越弱"，而好胜的心理是"你强，我要比你还强"，可见二者有质的区别。虚荣往往伴随着嫉妒、欺骗、自私，使人偏离正确的轨道，越来越偏激，背离了原本简单的求胜理念。

5. 不从众，做个独立的人。从众心理也有其积极的一面，但是过分的从众心理则会使人丧失起码的独立性，事事依赖别人，而依赖正是虚荣的培养基。虚荣心强的人往往依赖性也强，他们时刻需要一定的群众基础和评价基础，因此他们受不了孤独。一旦人的性格中独立的成分占了上风，那么在人生观上会趋于自我、现实，凡是以自己的喜好为准，而不是别人的眼光和评论。

古人云："不好名者，斯不好利；好名者，好利之尤也。"在追逐名利的路上，多少人由资历尚浅逐渐变为老谋深算，这其中，虚荣心的驱赶是脱不了干系的。万幸的是人有一定的自制能力，这种能力会引导人们走出误区，向充满正能量的方向靠拢。

战胜自卑：出身可以卑微，灵魂一定要高贵

"天生我材必有用"，这是诗仙李白在《将进酒》中最脍炙人口的诗句之一。短短7个字，却字字透露出其睥睨天下的自信。然而，在竞争激烈的今天，多少人却将这句颇有"欲与天公试比高"气势的话变成了自卑的自白："天生我材——没有用"。

比起表演，自卑的人更喜欢当观众，因为一些心理、生理方面的缺陷，或其他的原因（比如失败、别人的嘲讽等）而过分地轻视自己、一味地否定自己，从而使自己形成一个可怕的习惯：在做任何事之前，首先在脑海中无限放大自己失败的可能性，最终导致自己直接放弃任何尝试，宁可错过一万，也不冒一分险。

事出皆有因，没有与生俱来的自信，也没有毫无根据的自卑。每个人心理都有一扇不愿对别人打开的门，而促使你将别人拒之门外的原因却千奇百怪。在生活中，这扇关闭的门的背后隐藏着的正是自卑，这种自卑使你徘徊于人群之外，游离在成功的边缘，迟迟得不到自己想要的一切。其实自负也好，自卑也罢，都是那些没有经过科学加工的不良因素的升级。自卑往往是某种极端心理的代名词，只有找出这个代名词，才能够顺藤摸瓜寻找出自卑的根源，进而助你战胜自卑。

1. 当你不喜欢的人成为众人关注的焦点时，你会感到莫名的郁闷，甚至会抑制不住地当众揭他的短？

不会→第3题

会→第2题

2. 你往往在同一类问题上吃很多亏才能懂得其中浅显的道理？

不是→第4题

是的→第 3 题

3. 你认为自己从小就很平庸，甚至从来没有在哪个领域出类拔萃过？

不是→第 5 题

是的→第 4 题

4. 从小到大，你都是那个躲在角落里看别人侃侃而谈的人？

不是→第 6 题

是的→第 5 题

5. 当你被一群人关注的时候，你会情不自禁地低下头或羞红脸？

不是→第 7 题

是的→第 6 题

6. 评价一个人时，你总是尽可能详尽地表述自己的观点，而不是只靠个别词汇？

不是→第 8 题

是的→第 7 题

7. 喜欢通过物质来收买人心，比如通过请人吃饭来拉拢关系？

不是→第 9 题

是的→第 8 题

8. 你最害怕和自大的人相处，因为你不知道自己该炫耀些什么？

不是→第 10 题

是的→第 9 题

9. 你觉得常把钱挂在嘴边的人非常俗，但另一方面，你却没有底气"脱俗"？

不是→B 型

是的→A 型

10. 在同学聚会或朋友聚会中，你永远都不是那个能够轻松掌控局势的人？

不是→D 型

是的→C 型

测试分析

A 型：没钱。杜甫有句诗："穷荒益自卑，漂泊欲谁诉。"虽说"穷且益坚，不坠青云之志"，但是现实生活中却不乏"穷人志短"之说。社会没有阶级之分，人也没有高低贵贱之分，但是经济实力的悬殊却往往使人不自觉地将自己融入等级之中。在物欲横流的今天，纸币已经远远超过了货币符号的功能，已经成为凸显身份、地位的重要象征。所以，囊中羞涩的你在内心不平衡之余，往往会在第一时间替别人打击自己、否定自己、羞辱自己，使自己陷入深深的自卑之中。

B 型：没魅力。一直以来，你心里都有一只渴望变成天鹅的丑小鸭，在你的成长过程中，这只丑小鸭一直如影随形，困扰着你。也许是某些先天的不足制约着你，例如身高、相貌，或者一些外在条件让你自惭形秽，比如体重。在现代社会中，越来越多的人加入"外貌协会"，以外在形象作为选择一个人的重要标准，但是生活毕竟不是风情万种的幻想曲，而是实实在在的进行曲，心慈则貌美，容貌是个人魅力的一部分，而更重要的是品性和修行。

C 型：没能力。虽说不应以成败论英雄，但是大多数人还是默认成王败寇的规则，成功者的每一句话都被当做至理名言来推崇，而失败者的每一个举动却都被当做反面教材。你恨自己没有让人瞩目的成就，你更喜欢和某方面不如你的人相处，因为和这些人在一起你优越感十分强，而且可以以成功者的身份传道授业，这种居高临下的感觉让你十分满足。而与比你成功的人在一起的时候，你宁可以冷漠来伪装自己也不愿意主动接近别人，因为你怕你的示好会成为别人眼里的"攀附"。归根结底，是因为你自己没有实现梦想的能力和机会，所以你将这种遗憾升级为自卑，压抑着自己。

D 型：没底蕴。自卑的人很少主动与人交往，在群雄逐鹿的领域更是难觅其踪。你不想做山间竹笋——嘴尖皮厚腹中空，奈何同时你也深感自己某些方面的匮乏，例如底蕴、胆识、魄力，因此也就没有安全感。在众目睽睽之下想成为一时的焦点并不难，难的是一直做焦点，因为只有具备渊博的知识储备、十足的交际能力的人才能够左右逢源，见什么人说什么话，如何调动热情……这些只是最基本的技能，而你明显感觉自己的"不及格"，所以有时候难免怯场，生怕当聚光灯停滞在自己的身上时，你使那些原本充满期待的眼神填满失望。

"金无足赤，人无完人。"自卑感几乎每个人都有，只是程度存在差异而已。自卑的危害数不胜数，那么，该如何摆脱自卑心理，让自己在面对某些方面的卑微的同时保持高贵的灵魂呢？

1. 理解自己的自卑。正因为自卑的普遍性，所以大可不必对自己的自卑大惊小怪，哪里不足补哪里，有方向才有可能进步。

2. 以自己为参照物。当你在某个方面亟须改进的时候，先不要急于和别人比较，而是将自己作为唯一的对手，不断地超越自己、打败自己，最起码能有勇气面对自己。

3. 多做选择题。自卑的人有个共性，就是没主见。可以试着多做些选择题，比如在买衣服的时候，给自己提供几个选择，然后结合个人喜好、经济条件、促销价位等因素来选择最适合自己的一件，记住，只能选一件，不要在意选择的结果如何。做选择的过程其实就是增加自信的过程，例如，你会以命令的语气告诉自己：我这个月零用钱的上限是 1000 元，所以最好买那件折后 700 元的；我肤色较暗，不适合穿深粉色的衣服，所以要将那件淘汰；我个子高，所以不必靠黑色衣服来显高挑，这件也淘汰……这样，在每次选择的过程中，你都在做自己的主人，指导自己的行动，将这种习惯逐渐延伸到生活中，你会发现自己已经变得自信起来。

4. 端正姿势。站要有站相，坐要有坐相，这样可以在无形中增加自己的底气。例如，在行走的过程中要保持挺胸、抬头，步伐要有弹性，切忌弯腰驼背、拖拖拉拉。没有人愿意正视一个邋遢、颓废的人，所以保持端正的姿势是摆脱自卑的必经途径。

5. 练就自信的眼神。如果说眼睛是心灵的窗口，那么眼神就是心态的屏幕。眼神是神态的重要构成因素，而且是决定你在别人眼中第一印象的重要部分，因此，练就自信的眼神非常重要。首先，在与他人谈话的时候，要正视对方，在对方与你交谈时，最好看着他的眼睛，但目光不要过于坚定，以免产生距离感，尽量使目光柔和些。其次，控制眨眼的频率，一直盯着对方是不礼貌的，而一直眨眼则会让对方感觉到别扭、不安，所以眨眼的时间最好为5~8秒一次。另外，尽量让目光炯炯有神，这样不仅能自我鼓励，还容易引起别人对你的信任，没有人愿意相信一个拥有呆滞眼神的人。

6. 增加自己的曝光率。正能量充足的人往往都是精力充沛、敢于表现自己的人，如果你也渴望自己成为一个能够传递正能量、点燃别人心中的正能量的人，那么你首先要做一个别人眼中光芒闪烁的人，这就需要你为自己创造一个施展的平台，构建一个发挥的空间。所以，要不失时机地展示自己，例如，积极主动地做汇报，根据自己的特长参加一些竞赛，或者大胆地与人进行交谈，总之不要埋没自己。

7. 建立兴奋点。也许你会发现自己一无所长，没有一个能拿得出手的本领，或者你擅长的周围的人都精于你，千万不要因为被超越而否定自己，可以给自己寻找新的突破点。例如，你擅长唱歌，而你身边的人个个都有着不错的歌喉，这时候，你可以选择适合自己的音乐类型，比如你的同事中，有人擅长美声，有人擅长通俗歌曲，那么你可以综合选择一个适合自己的突破口，比如学几首外语歌，学几门乐器，用与众不同来代替被人超越的自卑感。

8. 阿Q精神。知足常乐，当生活中有太多不如意的时候，不妨"阿Q"一下，排解心中的压力。告诉自己人生目标其实是应该分阶段来实现的，你现在处于较低的阶段，但是好在你一直在前进，一直在逐级攀升，成功不是一蹴而就的，大器晚成的人根基最稳固。

9. 升华自己。这是最重要的一点。之所以自卑，是因为自惭形秽，所以最根本的战胜自卑的方法是"查缺补漏"，看看自己差在哪里，需要在哪方面改进，有了自信的底气，谁还会自卑呢？

消除自负，不要作茧自缚

黑格尔曾经说过，自卑导致倦怠，而自负则导致失败。如果说骄傲是对生活的不负责任，那么自负就是对生活的彻底毁灭，因为，自负比无知更危险。自负是与自卑相对的，指的是过分高估自己的心态。曾经有位哲人戏称："自负都是升斗小民做的事。"正因为见识少，容易满足，所以容易滋生自负心理。

自负无异于作茧自缚，因为这是最不利于成功的心态之一。自卑多少还会转化为动力，使人向前看，而自负则消磨心志，使人不断地回头看。自卑的人看到的是超越自己的人，而自负的人看到的是落后于自己的人。所以，自负是比自卑更可怕的心态，因为它离毁灭自己更近。

自负不同于自信，适度的自信可以为人生导航，正确看待自己的过人之处，并且激励自己为进一步的自我实现而努力。但自负却是某种极端膨胀的自信，这往往源于对自己的片面认识，只看到自己优秀的一面，并将这一面夸张地放大，渐渐地开始孤芳自赏，既接受不了批评，也忍受不了被忽视。

生活中随处可见自负的例子，以下是最常见的自负表现，对比一下，看看自己是否也存在或多或少的自负心理。

1. 自视甚高。处事果断，雷厉风行，从来不拖沓。觉得自己非常了不起，每当有人质疑自己的观点时，首先想到的不是自我审视，而是毫不客气地打压对方。

2. 以自我为中心。非常看重自己的身份、地位，觉得在自己有信心的场合里，自己必须是那个位高权重的人。

3. 好出风头。很喜欢表现自己，特别是在团队合作时，如果大家在做决策时没有征求自己的意见，会感觉非常气愤。

4. 求知欲强。喜欢在第一时间掌握所学的知识，同时还会对别人觉得力不从心的领域加以研究，力争超越其他人。

5. 当有人出尽风头时，会对其表现出不屑，宁可自己把自己边缘化也不要去做绿叶陪衬别人。

6. 看不起人。很少会认可别人，即使别人做得很出色，也是唯我独尊，有时甚至带着报复性心理去驳斥别人。

7. 过度防卫。自尊心很强，喜欢做传授者而不是聆听者，当有人以说教的语气对自己讲话时，会表现出极端反感。

8. 自我期待非常高。常常对自己要求过高，将那些叱咤风云的人物作为自己的榜样和努力的方向，即使在想象中，也绝对不允许自己成为一个默默无闻的小人物。

9. 言行偏激。对自己的一切都给予高度的肯定，因此表达自己观点和情感的方式也与众不同，不屑于理会别人的不理解。

10. 喜欢针对人做事而不是针对事情做事情，喜欢建立绝对的权威，对异己绝对要清理干净，与没有主见的人或弱势群体在一起时更容易成为核心人物。

对于以上这些场景，是不是多少能产生些共鸣？你也许会奇怪，自负这种心理是如何在自己的个性中沉淀下来的呢？其实，只要稍加留心就会发现，自负的人具备以下共性：具备某项特长，并且在同行中能拔得头筹；生活压力较小，没有被重担压得喘不过气；根基浅薄，经济条件差，由自卑转为自负；事业顺利，没有经历过太大或太多的挫折；对自己认识比较片面，往往把注意力全部集中在自己的优点上；自尊心强，非常在意自己的形象和地位。

那么，该如何克服这种心理呢？其实，轻度的自负心理很容易消除，无需绞尽脑汁地强迫自己，很多简单随意的小动作就能够帮你引开自负心理。

1. 仰望天空。当你因为取得一定的成就而沾沾自喜时，先不要急着去看那些向自己投来羡慕眼光的人，而是换个视野，仰望天空。

天空的广袤会让你发现，相形之下，自己实在是可以直接被忽视的渺小生物，就连清风一吹即散的云朵和羽翼未丰的小鸟都能凌驾于自己之上，自己的那点骄傲实在不值得一提。

2. 泼自己冷水。人在得意时最容易忘形，往往会说出一些日后令自己后悔的话，因此，当你的人生处于某个高峰期的时候，记得要不时地清醒一下头脑。例如，你最近好事连连，先是在自己一直钻研的领域崭露头角得到普遍认可，后又在投资中赚了不少钱，兴奋满怀是自然的。这时，你非常有必要泼自己的冷水：我只是在自己从事的领域小有成就，我应该注重其他方面的知识的修养，比如文学常识、礼仪常识等，因为以后出席活动的机会可能会越来越多，如果在这些细节上出丑，那么再多的荣誉也只会让人说我华而不实。

3. 凝视冷色系的颜色。绿、蓝、紫等冷色系的颜色会使人变得沉着冷静，对满足感膨胀的人来说，冷色系是非常好的镇静剂，犹如在暖流中融入一丝寒流，能够让人瞬间降低满足感，保持镇定。

4. 接受批评。自负的人最致命的弱点就是不愿意接受别人的意见，不愿意改变自己的观念，如果你正是这样的人，那么你就应该练习接受别人的批评。接受批评并不是服从于别人的指责，而是告诉自己接受别人正确的、对于改进和提升自己有益的观点，逐渐改掉固执己见的毛病。

5. 练习欣赏别人。越是眼里见不得别人好的人，越是容易自负。一个自认为姿色过人的女人，无意中听到另一个女人打电话时说："那个男的总看我，真烦！"于是，这个女人便觉得忍无可忍，心底里恶意诋毁："就你那样，谁看你啊，也不照照镜子！"其实让她难以忍受的不过是那句"那个男的总看我"，这让自恃很美的她有种市场被抢占的荒唐错觉，于是才会萌生出诋毁。如果她能够撇开心底的不平衡，不戴着有色眼镜去看对方，也许会发现对方确实是个能吸引人注意力的美女。要时常欣赏别人，越是自己在意的地方，越要看别人是否做的更好，这样会使自己不断地发现新的突破点，不断地进步。

要么消除自负，要么后果自负。除了上面几点外，还要学会平等地与人相处，全面地看待自己，克服自负需要一个过程，其中难免会涉及"否定"自己、认可他人的情节，只要以平常心看待自己的超越与被超越就好。

扼杀嫉妒，解开尘封心灵的枷锁

嫉妒也可以称作一把双刃剑——没有它，你会活在一个毫无刺激感的世界里，觉得一切都了无生趣，连奋斗的方向都没有；然而一旦被它控制，你会活得越来越辛苦，心理也随之扭曲。可见，嫉妒是一种矛盾的心理，一旦超出了你的掌控，你就会走向黑暗的深渊。嫉妒能够让人发现隐藏最深的自己，同时会发现一个让自己意外的最真实的自己。嫉妒的存在是典型的弊大于利，因为比起激发个人斗志，嫉妒更能催生一个人的邪念，从而毁灭自己。那么，你的嫉妒究竟是从何而来呢？什么样的情况最能激起你的嫉妒心呢？下面的小测试将给你答案。

1. 你是否了解自己性格中的阴暗面？

不是→第 3 题

是的→第 2 题

2. 你会享受被人崇拜的感觉吗？

不是→第 4 题

是的→第 3 题

3. 你觉得自己的失败是时机的问题，你之所以失败是因为你不是那个走运的人？

不是→第 5 题

是的→第 4 题

4. 当身边的朋友运势上升时，你会在心底希望他倒霉？

不是→第 6 题

是的→第 5 题

5. 你认为无论多么窘迫的人，都应该注重着装？

不是→第 7 题

是的→第 6 题

6. 别人在你面前炫耀一些你渴望得到的东西时，你会怒不可遏？

不是→第 8 题

是的→第 7 题

7. 对不同的人，耐心程度是不一样的？

不是→第 9 题

是的→第 10 题

8. 对朋友的请求，你总是尽力而为，很少推辞？

不是→第 10 题

是的→第 9 题

9. 即使被人诋毁，也不会撕破脸皮？

不是→B 型

是的→A 型

10. 即使是自己最好的朋友，也不希望他在物质生活上比自己过得太好？

不是→D 型

是的→C 型

测试分析

A 型：*被忽视*。你是一个对人但求问心无愧的人，尤其是对自己身边的亲友，对于别人拜托的事情，你总是事必躬亲、全心全意地对待，按照常理来说，一向体贴懂事的你应该得到最多的关心，然而有时候大家对你却并没有投入太多的注意力。往往那些爱惹是生非、巧言令色、完全不如你的同龄人会得到更多的关注。你因此心里不平衡，产生嫉妒心理。

B 型：运气差。你是个做事讲究回报的人，如果自己努力付出没有得到相应的回报，而那些自己一向不看好的人，比如不劳而获或是资质平庸的人意外崛起，你会无法接受，打心底里妒恨他们的手段和运气。

　　C 型：没钱。你最害怕的事就是身边的人相继事业有成，而你却依然碌碌无为，而现在不乐观的情况让你非常担心以后会被人越落越远。其实，你介意的不是你身边的人比你有钱，而是在你手头拮据的时候，身边的人个个挥金如土，此时你的嫉妒心就会迅速飙升，这不是对于某个人的嫉妒，而是对于自己的现状强烈不满导致的。

　　D 型：资质平平。对于通过努力能改变的事物，比如经济能力、学识，你很少会过分在意，因为你觉得这些东西可以不费心机地得到。然而对于那些与生俱来的东西，比如身高、音质，一旦你发现自己在这方面的不足，你会陷入自卑中，而这时如果有人在令你痛苦的方面非常出色，你就会心生嫉妒。说到底，你是恨无法改变的现状。

　　嫉妒是一种可怕的劣性心理。在这种心理的驱使下，人们会表现出强烈的破坏他人优越性的倾向，甚至会排斥、诋毁、打击被嫉妒的对象。

　　从心理学的角度而言，嫉妒是人不断提升自我的一种需要。嫉妒可以促使人认清自身的缺陷和弊端，也可以使人产生提高自我的动力。然而，只有当这种心理控制在一定范围内的时候才能视为有益的，当嫉妒心理超越了人的控制力，转变为一种可怕的报复心理时，就会束缚人的思维，成为心灵上的一道枷锁。

　　那么，该如何克服嫉妒心理呢？

　　1. 提高自身的修养。有涵养的人首先是胸襟豁达的人，不会为了蝇头小利与他人一争高低，更不会为了一时的失败而对他人打击报复，在他们眼里，这种行为是最可耻的。

　　2. 正确地看待自己。被人超越并不可耻，每个人都有自己的缺点，要冷静地分析自身的优点和缺点，不要带有主观色彩地包容自己的缺点或放大自己的优点。

3. 客观地评价他人。既不必盲目地崇拜他人的长处也不能蔑视他人的优点，客观地看待对方的过人之处，关注那些对你有益的地方，利用别人的优点提升自己。

4. 自我安慰。当你对他人的成功感到不满时，不妨仔细斟酌一下他人为成功所付出的艰辛和努力，这样，你就会明白自己失败的原因。

5. 换位思考。当你嫉妒一个成功者时，你不妨站在他的角度考虑一下，如果成功的是自己，看到别人蔑视和不屑的眼神时，会是什么样的心态，是不舒服还是不理解。

6. 思维转移。多关注其他的人和事，多考虑自己的事情，不要将全部的精力都用来嫉妒别人的功绩。否则，鼠目寸光的你将再次面临更多让你嫉妒的事情。

很多当惯了焦点的人一旦受到忽视或被人顶替就会焦躁不安，仇视自己的"替补"。我们生存的社会环境毕竟不是幼儿园，容不得这种幼稚的争宠行为，坚持下去，结果很可能是两败俱伤。不要让嫉妒蒙蔽你的双眼，使你原本积极的能量全部转化为消极。

事物是相对的，既然有嫉妒就会有被嫉妒，那么如何才能最大限度地避免自己成为被别人嫉妒的对象呢？

1. 低调处事。已经取得一定成绩的你如果表现得太高调就会让人更加看不惯。

2. 学会谦虚。适当地谦虚可以让嫉妒你的人找到一些心理平衡，从而逐渐减轻嫉妒心理。

3. 恰当赞许。要恰当地赞扬他人的优点，其实嫉妒是虚荣心的一种体现，只要你诚恳地赞扬嫉妒你的人，适当地满足其虚荣心，也许他就会对你产生好感，不再处处打压你。

4. 沉着冷静。有些人赞美你是由衷地为你高兴，有些人是锦上添花，而有些人则是酸溜溜地讽刺你，不管对待哪类人，你都要保持镇定，增加自己的亲和力，而不是距离感。

5. 适当诉苦。人都有追求平衡的心理，当你如日中天的时候，很多人会抑制不住地暗暗诅咒你，你可以适当地主动倾诉自己的苦恼，让别人知道你在辉煌的背后有比他们更多的辛酸，这样对方就会心理平衡，进而转为同情你。

6. 适时示弱。两虎相争，必有一伤。你适当地迁就很容易激起对方的内疚，任何人都需要融洽的人际氛围，有时候一个真诚的微笑就可以化干戈为玉帛。

抵制狭隘，笑看人生百态

宽容是一种豁达的心境，也是一种明智的处世准则。人的一生中伴随着太多的周折与挫败，有时甚至是陷阱。事业没有一帆风顺的，所谓的厄运，往往就是心胸狭隘的你为自己设下的羁绊，唯有坚强的意志和宽容的心态才能使你稳操胜券。

"海纳百川有容乃大，山高万仞无欲则刚。"心胸狭隘的人无法拥有更大的舞台，因为他们的眼界过于狭窄，无法看得更远。宽容的心态能够融化他人心中的冰山，也能使涓涓细流滋润心田。

只要是凡夫俗子，经过多年的摸爬滚打，都难免会沦为名利的傀儡。之所以有骄傲、有失落，是因为有追求；有了追求就有了对失败的抗拒。在人生的赌局中，每个人都在绞尽脑汁寻找获胜的途径，有些人甚至不惜作奸犯科，其实他们是害怕输掉什么。你会为了什么而奋不顾身？你最输不起的是什么？你在面对什么时会变得异常狭隘呢？不妨做做下面的测试寻找答案。

1. 如果你的朋友穿着不得体，甚至有些落伍，而她自己却自我感觉良好，还沾沾自喜地向周围人炫耀自己的装扮，你会选择怎么做？

    A. 直接对她说她的装扮其实很土很俗，不要再炫耀了。

    B. 委婉地对她说："我觉得你穿……更合适"。

    C. 微微一笑，不发表任何言论。

    D. 违背自己的真实想法，去迎合她，赞美她。

  2. 聚会中死气沉沉的气氛让大家觉得有些尴尬，你会怎么办？

    A. 提议玩些能活跃气氛的小游戏。

    B. 与身边的人找话说。

    C. 只是自顾自地翻看手机。

    D. 努力将大家的注意力集中在你的身上。

  3. 你换了个新发型，可是身边的朋友却告诉你这个发型不适合你，这时你会怎么办？

    A. 觉得对方没有眼光，反驳他。

    B. 表示自己的不满，然后继续欣赏自己的发型。

    C. 不放在心上，就当什么都没听见。

    D. 马上去换个发型。

  4. 你有两个好朋友，你知道你们三个人中谁最有吸引人，最能吸引异性吗？

    A. 不知道。

    B. 只知道自己最没有异性缘。

    C. 觉得自己最有魅力，最能吸引异性。

    D. 只知道自己虽然不是最好的，但也不是最差的。

  5. 朋友约你一起吃饭，可碰巧你身上的钱不够付两人的饭钱，你会怎么说？

    A. 要是你请我的话我就去。

    B. 我们 AA 吧。

    C. 我身上的钱不够了。

    D. 今天我来买单吧。

  6. 很多人在一起吃饭的时候，你发现在座的一位平时很爱出风头的同性嘴角有一粒米饭，而他本人并没有察觉，这时你会怎么办？

A. 直接告诉他。

B. 想办法提醒他。

C. 想个方式令他出丑。

D. 装作没看见，随他丢人去。

7. 你觉得什么样的小孩最可爱？

A. 自己家的。

B. 长得漂亮的。

C. 有个性的。

D. 聪明乖巧的。

评分标准

选 A 得 1 分，选 B 得 2 分，选 C 得 3 分，选 D 得 4 分，将所得的分数相加，并结合以下分析进行自我评析。

测试分析

7～12 分：感情。 你对感情格外重视，无论是亲情、友情还是爱情，都能让你十分认真地投入。因此，你常常会感情用事，其他方面的委屈你都能消化，但是感情方面一旦受了委屈，你就会异常激动。不管平时怎么大度，面对感情时你都锱铢必较，容不得一点背叛和欺骗。

13～18 分：自尊。 与你相处的前提是认同你的价值观，维护你的自尊心，得不到尊重是最令你恼火的事情。当你的自尊受到伤害时，你会不顾一切地捍卫自己的尊严。你总是因为过分注重自尊而错过一些机会，因为如果没有尊严，对你来说再大的成就也没有任何意义，你是怎么都不会做一个委曲求全的人的。

19～24 分：金钱。 你是个很现实也很务实的人，什么都没有金钱来得实在。任何一个惦记你财富的人都是你的敌人。你觉得金钱能带给你其他事物无法带来的安全感，这比任何成就都来得实在，那种不能给你带来利益，却只是增加虚名的事情，你是无论如何都不会做的。所以，一旦涉及金钱，你总是十分敏感。

25～28分：名利。如果让你选择淡泊名利的人生，你一定会郁郁寡欢，因为功名利禄对你来说有重要的意义。一件事要么有名，要么有利，否则对你来说毫无价值。功利心旺盛的你会理所当然地在这种心理的作用下处世，一旦你的人生与功名划开，你就会觉得生活失去方向感，索然无味。所以，在面对名利的时候，你的狭隘心理最强。

也许狭隘心理一直困扰着你，你虽然明白自己的缺陷却找不到合适的解决途径。其实，克服狭隘心理并不难，只要坚持以下几个处世原则就行。

1. 分析别人的反对意见。当别人对你的观点和行为提出质疑的时候，先别急着据理力争，而是要冷静地分析对方的意见是否正确。当涉及个人利益的时候，人们都会变得激动甚至偏激，因为主观的自我保护意识占了上风。如果对方的反对是在彼此理解的基础上，从大局出发的，那么就应该认真地接受批评和建议，改进自我。

2. 克服完美主义。心胸狭隘的人大多数都是完美主义者，在他们的眼中自己是完美的，或者应该是完美的，因此不会轻易地否定自己，更不会轻易接受别人对自己的否定。要接受一个事实：人无完人，别人不会完美无缺，自己也是如此。时刻承认自己有缺点，并且还有很多尚未被发现的缺点这个事实，也许你会更理智些。

3. 忽视仇恨。不要对曾经伤害过你的人和事耿耿于怀，否则你会陷入越来越深的仇恨之中，你的思绪也会围着这些充满负能量的事物转动。

4. 不要企图去报复谁，更不要抓住一切机会诋毁讽刺过你的人，因为这样只会使自己成为一个斤斤计较的小人。

5. 不要太敏感，特别是对别人无意中说的一些话，不要总是急着对号入座，认为别人在含沙射影暗指自己，有时候，你的主观臆断会为自己增添很多不必要的麻烦。

6. 多接触正能量的人和事。近朱者赤，生活中多些正能量的人，你的"小心眼儿"的毛病自然会改善，耳濡目染别人的宽容与豁达，你会意识到自己的狭隘其实是很无聊的事，自然就会改掉这一毛病。

7. 培养广泛的兴趣。多参加社交活动，培养广泛的兴趣，感受生活中的新鲜刺激，陶冶性情，净化心灵，在健康积极的氛围中增强精神满足感，自然就会淡忘很多让自己烦闷的小事。

8. 增长阅历。心胸狭隘与见识少密切相连，阅历少的人接触社会的机会就少，积累的经验也少，因而在看待问题时容易片面、走极端，增加阅历会使人更加明智，避免固执己见。

狭隘有百害而无一利。心胸狭隘的人抗挫折的能力弱，情绪也差，不会发现生活中的美，容易消极、颓废，甚至无事生非、愤世嫉俗。克服狭隘，你会忘却生活中的不愉快，驱走心里的阴影，拥有更精彩的生活。

高压之下，要有弹性乐观

如果一个人的思想总是被乐观占据，那么他的人生就没有任何遗憾可言。每个人都是自己生命舞台上的主角，只要能够乐观地面对舞台上的风起云涌，那么他的人生必然是精彩纷呈的！

乐观的心态是成功的伴侣。法国文坛巨匠雨果曾经说过："思想能将天堂变为地狱，也能将地狱变为天堂。"乐观是一种积极的心态，能够给人动力和勇气，能够生成正能量。乐观是一种难能可贵的品质，这种品质是人在挫折中奋起勃发的动力，因此，具备了这种品质，就没有什么能成为阻止你前进的障碍。

乐观具有一定的弹性，当悲观逼近时，它就会紧绷，然而它的紧绷存在一定的极限，超越了这个极限，它就会迅速反弹，不断强大，直到占据心情的全部。只要你足够乐观，你就不会成为悲观的奴隶。那么，你是个乐观的人吗？

1. 很惜命，非常注重生活中的小细节？

A. 是　　　　B. 中间　　　　C. 否

2. 一旦作出决定就会立刻执行？

A. 是　　　　B. 中间　　　　C. 否

3. 对很多事物都有强烈的好奇心？

A. 是　　　　B. 中间　　　　C. 否

4. 喜欢交朋友，能够轻松地和陌生人交流？

A. 是　　　　B. 中间　　　　C. 否

5. 语速比较快，且思绪跳跃性强？

A. 是　　　　B. 中间　　　　C. 否

6. 活泼好动，有时很八卦，喜欢起哄？

A. 是　　　　B. 中间　　　　C. 否

7. 工作起来十分卖力，有明确的奋斗方向？

A. 是　　　　B. 中间　　　　C. 否

8. 对新上映的电影和流行小说感兴趣，并肯在这方面花费时间？

A. 是　　　　B. 中间　　　　C. 否

9. 能够积极地进行自我开导，常常会想办法使自己开心？

A. 是　　　　B. 中间　　　　C. 否

10. 热衷旅游，并会兴致勃勃地制订旅游计划？

A. 是　　　　B. 中间　　　　C. 否

11. 固执任性，不会轻易妥协？

A. 是　　　　B. 中间　　　　C. 否

12. 对美食有很浓厚的兴趣，心情不好时很想大吃一顿？

A. 是　　　　B. 中间　　　　C. 否

13. 对影响巨大的社会事件了如指掌，常常会与人就此激烈探讨？

A. 是　　　　B. 中间　　　　C. 否

14. 嫉妒心比较强，常会拿自己跟身边成功的人相比较？

A. 是　　　　B. 中间　　　　C. 否

15. 做事常常三分热血，很少善始善终？

A. 是   B. 中间   C. 否

16. 很难改变生活习惯，即使明知道这些习惯不好？

A. 是   B. 中间   C. 否

17. 生活多是向前看，很少回忆过去？

A. 是   B. 中间   C. 否

18. 假期不喜欢赖床，也不喜欢宅在家里？

A. 是   B. 中间   C. 否

19. 学习能力强，工作效率高？

A. 是   B. 中间   C. 否

20. 常常运动，身体状况令自己满意？

A. 是   B. 中间   C. 否

21. 比起年长的人，更喜欢与同龄人或年纪比自己小的人沟通？

A. 是   B. 中间   C. 否

22. 异性，特别是出色的异性对你有很大的吸引力？

A. 是   B. 中间   C. 否

23. 不习惯一个人住？

A. 是   B. 中间   C. 否

24. 周围的人都说你是"开心果"？

A. 是   B. 中间   C. 否

25. 很注重自己的形象？

A. 是   B. 中间   C. 否

26. 外出或有重大事情的前一晚会辗转难眠？

A. 是   B. 中间   C. 否

27. 到目前为止还没有经历过太多挫折？

A. 是   B. 中间   C. 否

28. 经常会有种想要大声唱歌的冲动？

A. 是   B. 中间   C. 否

29. 觉得大城市的快节奏生活更适合自己？

192

A. 是　　　　B. 中间　　　　C. 否

30. 时间观念很强，能够把一天拆成很多天用？

A. 是　　　　B. 中间　　　　C. 否

评分标准

每道题选 A 得 2 分，选 B 得 1 分，选 C 为 0 分，将所得分数相加，然后根据下面的测试分析查出自己的心理年龄范围及心理特征。

测试分析

46～60 分：非常乐观。积极乐观的你对生活充满期待，你希望并相信通过努力能实现一切愿望。在内心深处，你更希望自己成为备受称赞的人，因为别人的赞美于你而言无疑是最好的肯定。很少会有让你大动干戈的事情，也很少有事情会一直困扰你，你总是积极地开导自己，引导自己走出心理阴暗区。

31～45 分：比较乐观。也许是因为涉世未深，现在的你处理问题并不是那么成熟，也许是不上不下的境遇并没有给你的内心带来太大的冲击，所以你会陷入偶尔的小困惑中，但大多数时候都能够忽视这些烦扰。目前一些暂时的平衡并没有给你的内心带来太大的满足感，因此，你仍然跃跃欲试，想要在更好的平台突破一下，你相信自己不是一个注定平庸的人。

16～30 分：有些悲观。也许是近来不顺心的事情比较多，你遇到事情总会首先想到消极的一面，这使你不知不觉地悲观起来，总是自我否定。同时，你对很多事情的不理不睬以及对结果无所谓的态度会让别人觉得很扫兴，久而久之就不愿意和你这种"扼杀"正能量的人相处。为你的生活添加一些活跃的因素，或许有助于你避开保守、刻板的禁区。

15 分以下：消极悲观。久经考验的你能够对任何突发事件安之若素，老练而稳妥地处理棘手的问题。但是同时，你对这个社会越来越失去信心，不再轻易相信任何人，对很多事情都本能地警觉，把自己的内心练成铜墙铁壁，会本能地在第一时间建立好自我保护的壁垒，不给别人伤害你甚至接近你内心的机会，比起保护自己，

193

这其实更是一种变相的自我封闭。试着逐级降低心理的防线，试着交几个圈外没有利益纠纷的朋友，你会发现在这个物欲横流的社会中也有很多真实和简单。

宋代诗人杨万里的诗中有一句话："风力掀天浪打头，只须一笑不须愁。"阳光是内心深处的一面镜子，能将烦恼反射出去，也能将快乐映射心田。在心间播种一粒快乐的种子，你就会拥有这样一面镜子。那么，如何掌控乐观的弹性，播种一些能够生根发芽的快乐种子呢？答案就是练习冥想法。

冥想是一种改变意识形态的形式，它通过引导自己进入深度的宁静状态而增强自我认知和良好的状态。在冥想的过程中，人们也许将注意力集中在自己的呼吸上并调节呼吸，并配合相应的身体姿势（如瑜伽姿势），使外界刺激对自己的影响降到最低，产生特定的心理表象，或干脆什么都不想。通常，冥想要按照以下步骤进行：

1. 设定目标。选定某个你喜欢或者向往的事物作为冥想的目标。它可以是任何贴近现实并有可能实现的事物，例如你想要得到的宠物、你梦想已久的一个电子产品等。在开始时最好选择那些比较容易达成的，在不久的将来可能实现的目标，这样你会摆脱一些因为无力实现而产生的负面抗拒因素，同时还有助于使你在练习冥想时获得成功的信心。渐渐地，当你拥有更多经验和自信时再选择那些具有更大挑战性的目标。

2. 创造一个清晰的想法或者画面。为自己创造出一个想法、一个画面，或者你所能设想的对于某个客体或者情境的感受。在你的想象中，这件事物或者这个场景要以你喜欢的形式出现，这时你的满足感会很强，想象你身处其中并且看到更多细节以你期望的形式展现出来。

3. 经常关注这个客体。无论是在静坐时，还是在某个时间、某个场景你碰巧遇到这个客体，你都可以顺其自然地将你的想法或你所冥想的画面与实际产生交集，这样它就成了你生活中的一个真实的存在。继续专注于它，但是心态要放轻松。需要注意的是，不要强迫自己接受这个美好的画面或在其中投入过多力气，否则会适得其反。

4. 给予它正面的能量。要以积极的心态看待你专注的目标，并且鼓励自己往好的方向联想。向自己传递正面信息：它存在着、它已来到，或是正向自己走来，同时设想自己正在接受和实现它。这些正面的声明被称为"肯定"，积极地肯定自己的冥想客体，把心中可能存在的疑虑和不信任暂时抛开，至少在某个美好的时刻别去想它，同时练习去感受你所渴望的事物是真实而可能的。

在练习的过程中，要注意以下几个细节：

1. 使自己达到彻底且深度的放松。

2. 在深度放松状态下开始想象你希望呈现的事物或情境。尽可能地细化这一过程，尽量享受它变成现实的那种美好。

3. 将意象保持一段适当的时间。同时，在心中默念一些与之相关的肯定、积极的词语，这些积极的肯定是冥想法非常重要的部分。

4. 在冥想结束时，说出或者默念一句积极的话："这件事一定会实现的，一定会朝着更好的方向发展，大家的利益都会实现的。"这样可以给自己留出更大的憧憬空间，同时会提醒自己，个人利益的实现与集体密切相关，要时刻融入到团队中。

5. 不要刻意回避冥想中出现的杂念，因为这样反而会给它们力量。只需让它们流经你的意识，接纳它们，然后继续回到你的正向陈述和意象中。

6. 要保证一定的时间，至少半个小时，尽可能经常冥想。

7. 冥想不是幻想。冥想的目标要尽量贴近生活实际，如果你每天花费大量时间冥想自己中巨额彩票或者自己练就长生不老之术，那么这纯粹是在自欺欺人和浪费时间。

在没有硝烟的竞争中，培养乐观的心态对于一个人的发展非常重要，因为只有乐观的人才能突破重重考验毅然决然地走向最后的胜利。在众多树立乐观心态的方法中，最有效的莫过于自我暗示，即时刻暗示自己、提醒自己做个心胸宽广、沉着勇敢的人，有时候，对自己的鼓励和肯定胜过他人的千言万语。

第七章

正能量练习（六）：练就健康体魄

　　"流水不腐，户枢不蠹"，即流动的水不会腐臭，经常转动的门轴不会被虫子蛀蚀。之所以要保持运动，是因为运动能够维系健康。如果把正能量比作一枚决定人生走向的硬币，那么健康的体魄和积极的心态就是这枚硬币的两面，少了任何一个，都构不成正能量。强健的体魄能激发双倍的正能量，因此，想要靠近正能量的磁场，首先要练就健康的体魄。

打一场稳赢不输的健康保卫战

梁代著名医学家陶弘景著有以养生理论见长的《养性延命录》，为百姓研习养生理论提供了科学参考；唐代"药王"孙思邈所著的《千金要方》，为后人从事食疗养生提供了有力的借鉴。可见，古往今来，健康问题始终是国民关注的焦点，时代越发展，对健康的关注率就越高。

科技的发达、经济的发展往往是一个时代的标志，也是一个时代的骄傲。而如今，科技领域的阶段性突破、经济领域的突破性发展纷至沓来，而这种突破与发展的代价却演变为一个时代无法回避的悲哀——健康危机。好的体质能够保证机体活动的能量，而健康的体魄则能保证生命的正能量。随着社会环境的复杂化，健康早已经突破了"无疾病"的简单范畴，其概念被赋予了更多的内容，主要为躯体健康、心理健康、智力健康、道德健康等。当然，最根本的还是躯体健康，因为躯体是"硬件"，而其他则为"软件"，只有在"硬件"完好的情况下，"软件"的升级才有意义。

世界卫生组织对健康的正式定义，以及衡量是否健康的 10 项标准如下：

1. 精力充沛，能从容不迫地应付生活和工作中的琐事。

2. 处世乐观，态度积极，乐于承担责任，做事认真。

3. 善于休息，睡眠质量好。

4. 有较强的应变能力和对环境的适应能力。

5. 对一般性的感冒和小疾病有很强的抵抗力。

6. 体重适当，身材匀称，站立时头、肩、臂位置协调。

7. 眼睛明亮，没有眼部疾病。

8. 牙齿清洁，没有蛀牙，无痛感；齿龈颜色正常，不出血。

9. 头发有光泽，无头屑。

10. 肌肉、皮肤富有弹性，走起路来轻松得力。

健康的体魄是确保正能量人生的必要前提。维持健康，不仅是对家人和工作的负责，更是对生命的尊重，不要孤注一掷，拿身体当事业发展的赌注。因此，要想生活充满正能量，就要保持健康的体魄，特别是具备最基本的健康常识。

1. 等离子电视辐射值大于液晶电视与背投电视。

2. 无线鼠标、无线键盘辐射值大于有线鼠标与键盘。

3. 显示器的摆放要稍微低于头部。

4. 胆囊炎与胰腺炎患者不宜多喝牛奶。

5. 冲泡蜂蜜的水温应控制在 60°C ~ 70°C。

6. 一次性筷子，越白越危险。

7. 雾天空气污染最严重，此时进行户外锻炼会阻断血液中氧的供应，从而使血液更易凝结。

8. 怒斥别人会对自己的心脏造成巨大的冲击。

9. 压力大时，每天沉思 20 分钟会将你患焦虑和抑郁的可能性减少 25% 以上。

10. 经常吃烧烤会减少细胞的弹性，并增加患心脏病的风险。

11. 常吃夜宵的人更容易得胃癌，因为胃得不到休息。

12. 水果应该在饭前吃。

13. 女性在月经期不要喝茶。

14. 喝豆浆时不要吃鸡蛋。

15. 刚出炉的面包不宜马上食用。

16. 充电座不要放在床边，最好离人体 30 厘米以上。

17. 最佳睡眠时间是在晚上 10 点到清晨 6 点。

18. 每天睁开眼就考虑工作计划的人容易血压激增。每天早上听舒缓的音乐可以帮助控制血压，从而降低早晨心脏病发作的几率。其实拥有正能量并不难，生活中几个简单随意的小动作就能够帮助你保持旺盛的精力，驱走有害健康的因素，激发你的正能量。

健康保卫战是一场艰巨的持久战，必须持之以恒才能取得胜利。当然，仅仅坚持是不够的，还需要正确思想的指导：

> 疾病时刻防，小病勿忽视；
>
> 行医须及时，用药遵医嘱；
>
> 三餐要合理，营养要协调；
>
> 作息有规律，劳逸相结合；
>
> 戒烟加限酒，心情上好佳。

运动，正能量的必选题

运动的人更能散发出正能量。世界卫生组织统计，在全球范围内，每年因运动不足而致病死亡的人数已经突破百万。大多数人都知道，缺乏运动最直接的危害就是抵抗力下降，实际上，缺乏运动的弊端不仅如此，长时间不运动会导致智力下降，同时使身体更容易感染或滋生有害病毒，甚至引发猝死。

忽视健康的代价是沉重的，一味地无视健康只能使自身受到惩罚，充沛的精力和旺盛的生命力是人们维持正常工作和生活的基本前提，因此，想要拥有更高品质的人生，就必须具备健康的体质，而拥有健康体质的前提就是运动。

运动对人体的益处主要分为生理方面与心理方面。

1. 生理方面：促进骨骼生长，有益大脑发育；改善心肺功能与消化功能，促进血液循环；提高免疫力，降低患病几率，强身健体；增强人体的适应能力，提高应激力。

2. 心理方面：运动能调节紧绷的情绪，使人保持充沛的精力；适当的运动有利于消除工作中的压力，是舒压解乏的有效手段；运动能陶冶情操，对精神放松有益；可激发创造力和协调能力，使人更好地融入集体，从而提升自我认知度；运动有助于塑身美体，经常运动会使人逐渐提高自信心。

对大多数人而言，繁忙的工作挤走了自己的运动时间，因而常常以此为理由不运动。其实，正因为平时工作太忙，才更要在百忙之中抽出时间，利用一切可以利用的时间来养护自己的身体，以下是几个典型的锻炼机会：

1. 在适当的情况下，用走楼梯代替乘电梯。

2. 在距离适当的情况下，用走路代替乘公交车。

3. 时间允许时，走路去某一工作室与同事讨论相关问题，而不是通过电话会议。

4. 至少培养两个运动伙伴，在工作时间外与朋友定期锻炼，如打网球、跑步、登山等。

不论是奔波在哪一条战线的人，必须坚持每天通过适量的运动来调节身体机能，有效杜绝各种社会病、职场病。社会各界向坐班族、出差族推荐的健身运动层出不穷，然而对于工"坐"在电脑前办公的人来说，可取的少之又少，似乎没有谁愿意在坐满工作伙伴的办公间内做些"蹲跳""抖手""跺脚""压腿"等有益身体的动作。相对于手舞足蹈又有轰动效应的运动，大家更倾向于悄无声息并且简单易行的小动作。长期受职业病和坐姿病折磨的人们不妨试试以下几个小动作：

1. **环颈伸肩**

久坐电脑前的人会在不知不觉中形成弓腰、驼背、耸肩、缩颈的姿势，而这些姿势就是导致颈椎病、肩周疼痛的罪魁祸首。因此，休息的时候不妨尝试下面两个小动作。

十字绕颈：即头部写"十"字，双手掐腰。将头部依次向左、前、右、后摆动，左右摆动时尽量耳朵贴在肩部，前后摆动时尽量加大幅度，但与身体角度不要超过90°，动作幅度要缓慢，不要迅速、猛烈地摆动，连续做7～10组为宜。

伸展肩部：双手在颈后交叉，双臂尽量后扬，拉伸肩部，与身体在同一水平线即可，连续做5～7次为宜。

2. 放松腹肌

在缺少运动的情况下每天久坐办公室，腹部必然会出现赘肉。想要减掉已经凸起的腹部，仅靠节食是不够的，还要配合一些运动来消除赘肉。可是，在狭窄的工作间内怎么开展减腹运动呢？这时候，靠背座椅大可以为我所用。

椅上减腹：端正在座椅上，背部紧靠椅背（背部可稍微后斜），双手自然搭在椅子扶手上，双腿微屈，缓慢收至胸前再慢慢下放，双脚尽量脱离地面，持续做8～12次。

3. 伸展腿部

很多人在坐着的时候都会跷起二郎腿，这不仅容易导致"萝卜腿"，还会影响小腿的血液循环，长时间跷二郎腿还是双腿麻木、抽筋的直接诱因。因此，适当地进行腿部运动对于避免麻木和练就紧致美腿十分必要。

椅上收腿：身体放松，目视前方，脚尖点地，双腿合闭同时缓慢向前伸腿，直到腿部与上身呈90°，然后慢慢收回至小腿与大腿垂直。坚持做5～8次，每次持续30秒左右。

没有你做不到的，只有你想不到的，每天一组简单的放松锻炼，或许就会帮你铸就强健的体魄。运动的生命最具吸引力，所以小区健身运动、办公室健身操日益盛行，也许你的简单举动，就会带动身边的人一起加入，形成一个"全民健身"的正能量气场。

血型与食品应"对号入座"

曾有国外学者指出："血型决定了人们的身体所需要的食物类型。"之所以在同样的饮食结构下，不同的人会有不同的吸收效果，是因为食物对人体的作用与血型息息相关。

血型是人体自形成时起就具备的特征。最常见的血型有 4 种：O、A、B、AB，此外还有一些罕见的血型，如 P、KELL、KIDD 等血型系统。我们都知道血型与性格息息相关，例如：

O 型血的人生性活泼，热情奔放，直言快语；

A 型血的人坚定执著，踏实稳重，气质优雅；

B 型血的人生性善良，富有同情心，乐于助人；

AB 型血的人心思细腻，温柔随和，从容淡定。

其实，血型与饮食也紧密联系。之所以不同的人在同样的饮食结构下会有不同的体质，很大一部分原因是血型的不同。不同血型具有不同的抗原，并且以不同的方式对食物发生作用，特别是附着在食物中的可以杀伤病毒、使血液凝固的特殊蛋白质——植物血凝素。每种食物所含有的植物血凝素是不同的，如果人们食用了含有与自己的血型不兼容的植物血凝素的食品，那么这种物质就会另寻栖身之处，比如某一个器官上，然后将该器官周围的血液凝固，时间长了就会生成肿块，对健康也不利。

可见，血型对于健康的影响非常大，血型甚至在一定程度上决定着某些疾病的分布，因此谈到健康时绝对不能忽视血型的因素。

O 型是一种最古老的血型，在输血量较小的情况下，O 型血适合任何血型之间的血液输送，因此又被称为"万能输血者"。O 型血的人通常有较强的免疫力和抵抗力，消化功能非常好，新陈代谢旺盛，因此 O 型血的人通常很少得重病，体质较佳。但是，O 型血的血液不易凝固，胰岛素含量较低，胃酸过多，所以相对来讲更容易患肥胖病、糖尿病、溃疡等疾病。O 型血的人消化能力强，因此要以瘦肉、动物肝脏、蔬菜、水果作为主要食源，注意 B 族维生素、钙的补充，减少豆制品、谷物食品和海鲜的摄入量。由于胃酸分泌相对较多，O 型血的上班族要注意保养自己的胃，除了按时用餐外，还要尽量多吃牛羊肉、鸡蛋、萝卜、菠菜等养胃护胃的食品，同时还要忌食肥肉、章鱼、全脂乳制品，以防脂肪堆积体内导致肥胖病等疾病。

A 型血是另一种比较古老的血型，也是最"不幸"的血型。A 型血的人身体偏碱性，抵抗力与免疫力通常都较差，消化系统也很弱，代谢功能不旺盛，因此是所有血型中心血管疾病和癌症发病率最高的人群。A 型血的血小板黏附率非常高，所以经常引起头痛病。另外，A 型血的人患胃部疾病的几率也明显高于其他血型。总之，A 型血的人要对自己的身体时刻警惕，要更加爱护自己的身体。

A 型血的人最擅长吸收素食中的营养成分，因此 A 型族要多吃谷物制品、植物蛋白、豌豆、茄子、坚果等营养素食，以增强体质。A 型血的血液浓度非常高，所以要少吃蛋黄、蛋白等高胆固醇的食品。同时，A 型血的人最易贫血，要加强铁的补充。工作中的 A 型族在疲劳时最好用茶代替咖啡作为提神品，因为咖啡因会刺激胃肠收缩，导致腹泻和胃溃疡。

虽然 B 型血出现的相对较晚，但是 B 型血的人新陈代谢率非常高，消化功能也很好，有着较强的抵抗力和免疫力，因此对心脏病、癌症等严重疾病有很强的防御能力。然而，B 型血的人肾上腺激素较多，在较大的压力下，肾上腺激素会刺激脑神经和肌体组织，所以 B 型血的人容易情绪激动、烦躁，从而患上胸闷和心悸等疾病。

从饮食上讲，B 型族通常对食物的消化能力很强，可以放松饮食限制，几乎各种肉食和蔬菜都可以作为 B 型族的美食。办公室里的 B 型族要充分摄取动物蛋白，以缓解疲劳。

AB 型血出现的相对较晚，AB 型血的人凝聚了 A、B 两种血型的优缺点——免疫系统完善，适应能力也很强，但是胃酸过少，消化能力弱。在激烈的竞争环境中，AB 型族要格外注意保持心态平衡，尽量避免神经冲动，因为调查报告显示，AB 型血的人患精神类疾病的比率明显高过其他几种血型。AB 血型的人最适合少食多餐的饮食方式，最好选择豆制品和新鲜绿色蔬菜作为主食，同时多吃富含维生素 C 与矿物质硒的水果。

每种血型都有自己的生理特征，因此必须保证血型与饮食的合理搭配。当然，由于每个人的身体素质与健康状况不同，在选择饮食的时候要仔细斟酌，参考医生的建议，为自己制定科学合理的食谱，增加健康的筹码。

健身百项，跑者至尊

运动着的生命最具魅力，运动不仅是生命质量的保障，而且是维持健康的途径，此外，运动还是展现魅力的最佳方式。运动能凸显女性的线条美，也能展现男性的力量美，运动着的生命是充满正能量、散发正能量的生命。在运动王国中，跑步可谓"至尊"级别的运动项目，这源于跑步的"五最"：最廉价的运动项目；最便利的锻炼方式；最有益的运动项目；最有效的减肥运动；受众面最广的运动。

运动项目的选择对于保持身体健康至关重要，跑步简单易行，不需要任何器械，时间、地点的限制也可以忽略，因此大多数办公族都选择跑步作为健身的主要项目。然而，仍有些细心谨慎的人（特别是女性）对跑步有种种顾虑，经过调查，关于跑步的担忧有以下几方面：晨跑会导致疲倦瞌睡，影响工作效率；长期跑步容易跑出短粗腿；跑步的过程中容易出现岔气，这样对胃不好；跑步需要太多的时间。

在跑步的过程中，肢体的拉伸力度会直接影响跑步的效果和运动者的感受，因此必须在正确热身的前提下进行训练。

第一步，双手向上弯举，双臂与肩呈一条直线，指尖垂于肩部前后绕肩（2个8拍）；

第二步，上身直立，双手叉腰，轻轻转动踝关节（4个8拍）；

第三步，屈膝下蹲，大小腿呈135°，双手扶膝，由左至右转动膝盖（4个8拍）；

第四步，双手交叉上举于头顶，腰部有节奏地依次向左右两侧弯曲（2个8拍）；

第五步，弓步正压腿、侧压腿（4个8拍）。

只要掌握好跑步的时间和速度以及注意跑步中的相关规则，再多的顾虑都是多余的。以下是跑步中需要注意的细节问题：

1. 每周跑3~5次，每次跑30~40分钟。

2. 用单车、游泳等运动代替2~4天的跑步。

3. 在体能适当，消化、代谢功能正常的情况下跑步。

4. 做充分的跑前热身运动。

5. 速度要"慢——快——慢"，距离长短根据自身的体质来定。

6. 遵循"两步一吸、两步一呼"的原则。

7. 根据天气情况选择适合的跑步地点（如阴雨、大风天气可在室内跑步）。

8. 身体不适时要放慢速度、缩短时间甚至暂停跑步。

此外，在跑步的过程中，要遵循正确的跑步姿势，以免造成拉伤等意外伤害。

1. 头部自然摆放，颈部放轻松。

2. 双肩与身体微微夹紧，双臂前后摆动幅度不要过大。

3. 大腿不要抬得过高。

4. 腰部要放松直立，不要故意挺直，肌肉稍稍紧张，保持躯干的姿势，在脚跟落地的时候要注意适当地缓冲。

5. 在跑步的过程中，一只脚着地时，应该是脚跟先着地，然后由脚跟过渡到脚掌，这样可以减少对踝关节的冲击。在脚步落地时，膝盖要微微弯曲，不要过于挺直。

呼吸最直接的作用就是为人体提供氧气并排除二氧化碳等废气，以维持正常的生理机能。人体对氧气的需求量会随跑步速度和时间的增加而加大，因此在跑步的过程中要提高呼吸频率，加大呼吸的深度，同时还要掌握呼吸的技巧。

在跑步初始阶段，用鼻呼吸，同时吸气与呼气节奏要配合跑步节奏，以避免呼吸急促，同时还能减少呼吸肌的疲乏。

跑步强度增大时，氧气需求量会逐渐增加，此时应该先用口鼻吸气再用口呼气，呼吸要做到缓慢、细致并适当地延长呼吸的时间，呼吸急促时加大口部的呼气量，这样可以充分排除二氧化碳，促进氧气的吸收。

为了在跑步的过程中最好地保护脚部，跑步者需要从以下5方面着手：跑步地点应选择运动场跑道，避免在硬实的马路上跑；跑前热身是关键，充分活动踝关节、肌腱、韧带；选择软底、厚底的运动鞋，鞋带不要系太紧；跑步后最好用热水泡脚；掌握正确的跑姿，避免脚掌猛落地面。

此外，还要注意跑步之后的"五千万"：

1. 千万不要立刻休息，否则会导致血压降低、心慌气短甚至休克。

2. 千万不要立刻洗澡，否则会导致头晕目眩，休克。

3. 千万不要暴饮暴食，否则会胸闷腹胀，使胃肠功能衰弱。

4. 千万不要立刻补糖，否则会影响食欲，体力不支。

5. 千万不要吸烟饮酒，否则会损害肝脏，使人倦怠。

总之，将这些细节铭记于心，不仅在跑步的过程中会对身体大有益处，在选择其他运动时也会受益匪浅。比如跑步之后的"五千万"，不仅在跑步后要遵循，在打篮球、踢足球等相对剧烈的运动过后也要参考这个标准。健康的身体不仅需要耐心的锻炼，更需要精心的呵护，所以在享受运动的过程中，还要注意保护自己。

亚健康——隐形的杀手

战国时期著名思想家韩非子著有多篇脍炙人口且发人深省的文章，其中颇具代表性的要数力荐及时行医的《扁鹊见蔡桓公》了。

故事中，从最初的"君有疾在腠理，不治将恐深。"到后来三番五次苦口婆心地劝告，扁鹊的良苦用心只换来蔡桓公的"寡人无疾"以及一而再地"不应"。可见，蔡桓公病情的加剧以及最后的死亡都不是偶然因素所致，而酿成这种悲剧的罪魁祸首就是蔡桓公的"不应"——思想上的不重视和行为上的无所为，引发了这场本应避免的悲剧。

这是韩非子借题留给后人的警示，然而，从时下青年的健康状况来看，似乎来自工作和生活中的压力已经"逼"得大家无暇顾及自身，早早地闯入了"健康红灯区"。总体来讲，亚健康对年龄段在18~45岁的人群威胁最大，特别是事业处于搏杀期的人员（26~40岁），亚健康的比例远远高于其他年龄层，女性尤为明显。

世界卫生组织宣称：当机体未发生器质性病变并介于第一状态（完全健康）与第二状态（患有疾病）之间时，就是第三状态，即亚健康状态，目前，全世界有1/3的人口处于亚健康状态。

常常会听到"亚健康"一词，那么究竟什么是亚健康呢？请参照以下内容进行自我检测，看看自己是否属于亚健康族。

1. 失眠或嗜睡，睡眠质量不佳。（5分）

2. 晨起、洗发时，脱发较多。（6分）

3. 长时间食欲不振，面对任何美食都没胃口。（5分）

4. 注意力不集中，心烦意乱，情绪变化无常。（7分）

5. 对办公室有恐惧心理，对日常工作有强烈的排斥感。（7分）

6. 工作效率持续下降，工作中常常疲倦、胸闷。（5分）

7. 无法调动自身工作的积极性，急切盼望下班。（5分）

8. 女性月经周期紊乱并伴有痛经现象；男性腰膝酸软，浑身乏力。（7分）

9. 排便不畅，大便干燥，小便短赤。（5分）

10. 性功能下降，性欲减退。（7分）

11. 四肢无力，委靡不振。（7分）

12. 皮肤变得粗糙，目光无神，眼袋下垂。（4分）

13. 目胀、头痛、经常性感冒。（7分）

14. 指甲明显塌陷，甲面失去光泽。（6分）

15. 口腔异味，舌尖赤红。（6分）

16. 健忘，反应迟缓，理解力下降。（4分）

17. 在食宿正常的状态下，体重每月增减幅度超过4千克。（7分）

下面，请根据得分情况进行自我评估（★表示亚健康症状的严重程度，★越多则症状越明显）：

累积分数在15分以下者，亚健康指数为★☆☆☆☆，建议保证作息时间，加强运动，做到未雨绸缪。

累积分数在16～30分者，亚健康指数为★★☆☆☆，应该在上一条的基础上摄入足够的营养。

累积分数在31～55分者，亚健康指数为★★★☆☆，除以上两条建议外，还要注意心态的调整，多参加一些休闲娱乐活动，以保持充沛的精力。

累积分数在56～80分者，亚健康指数为★★★★☆，建议至少休假一个月，充分补充身体各项机能，在健康专家的指导下改善身体现状，提高生活质量。

累积分数在81分以上者，亚健康指数为★★★★★，此类人群为"过劳死"的后备军，如果不加以重视，会导致严重的后果，应该尽早进行适当的药疗以缓解或消除症状。

众所周知，亚健康严重威胁着现代人的健康，成为多数人望而生畏的剥夺健康的"瘟神"。当然，一定程度地关注这一现象是必要的，然而并非所有在巨大压力下辛勤劳作的人都会呈现亚健康状态。根据对我国亚健康感染人群的调查显示，以下6类人群最容易出现亚健康现象：

1. 作息无规律，常常连续几天昼夜工作，后期补觉的人。

2. 饮食无节制，三餐不定，暴饮暴食的人。

3. 精神紧张，压力过大，情绪易激动的人。

4. 人际不协调且受同事排斥的人。

5. 长期从事脑力劳动且缺乏运动的人。

6. 生活习惯差，吸烟酗酒的人。

亚健康状态是人体进入预警期的征兆，长期被繁冗的工作困扰的人应该及时检查自己的身体状况，当亚健康袭来时，要妥善地处理，将危险扼杀于摇篮中；如果一味地忽视亚健康，甚至听之任之，则后果不可估量。

亚健康的弊端数不胜数，总体来讲，亚健康对人体的危害主要体现在以下几个方面：

1. 引发精神疾病和心理问题。很多处于亚健康状态的工作人员要面临沉重的工作压力和身体的各种不适症状，若长期得不到改善，很容易导致心理偏激，精神异常。

2. 严重影响工作效率和生活质量，甚至引发家庭危机。

3. 引发慢性疾病。糖尿病、恶性肿瘤等疾病，都是在人体处于亚健康状态时萌芽的，因此必须尽早防治。

4. 影响寿命，减弱生理机能。

亚健康人群如同"濒危物种"，高脂血症、脂肪肝、糖尿病、冠心病等多种疾病都爱"眷顾"亚健康人群。

对珍爱生命的人来说，预防亚健康是呵护健康的基本前提，只要能够从细微之处入手，坚持良好的生活习惯，亚健康的预防就会轻松易行。

1. 均衡营养。充分合理地补充各种维生素、矿物质和脂肪，从营养角度提高自身的免疫力。

2. 睡眠充足。保证每天有 1/3 的睡眠时间，特别是午间 30 分钟的睡眠，如果条件不允许，至少应做到午间闭目养神 20～30 分钟。

3. 心态平衡。能够合理地转嫁压力，时刻保持乐观的心态，积极面对工作中的成败。

4. 适当运动。工作期间，保证每天至少 15 分钟的运动量，让身体从高强度的工作中得到释放，同时提高抵抗力。

5. 保证卫生。除了要保持自身的卫生外，还要保证工作环境的清洁，特别要做到每天清理键盘和鼠标，避免接触过多的细菌。

6. 休闲娱乐。良好的人际关系有助于提高自信，休假期间参加适当的社交、娱乐活动，在释放压力的同时广结良缘，为自己打造良好的社交环境。

20 世纪末期，70 多位著名科学家联合发表声明称："21 世纪，人类要想获得健康与幸福的智慧根源，就要追溯到 2500 年前的孔子时代。"可见，崇尚自然与天然的东方文明是缔造健康体质的根源，人体重塑健康的最佳途径就是达到身心的返璞归真。

面对我国庞大的亚健康族，无数专家与学者致力于提高办公族的健康水平，纷纷提出各种建议与意见。以下一些有针对性的建议是被国内外职场人士公认为屡试不爽的"黄金条款"。

1. 失眠多梦

（1）晚餐吃富含钙和磷的食物，例如牛奶、菠菜。

（2）睡前 3 小时避免用脑过度。

（3）每晚做半小时轻缓运动（例如瑜伽、慢跑），再泡 15～20 分钟香油精澡。

（4）按摩太阳穴 5～10 分钟。

2. 情绪易激动

（1）陶冶情操，通过培养广泛的兴趣（例如绘画、书法、养花）来达到修身养性的效果。

（2）聆听舒缓的音乐，利用音乐怡情养神的特点来达到调节心理的功效。

（3）在情绪激动的时候，可以将一手的食指与中指放在另一手的脉搏处轻轻地按摩数秒钟，对于缓解紧张情绪有奇效。

3. 疲劳健忘

（1）坚持良好的生物钟，确保睡眠时间与质量。

（2）多吃富含维生素 A 的食物，例如鳗鱼。另外，核桃、榛子等坚果也能使神经兴奋并增强记忆力。

（3）亲近自然，呼吸新鲜空气，适量运动，促进新陈代谢。

（4）勤于动脑，避免记忆力"用进废退"。

解读人体 24 小时

生物钟指生命体随时间变化而产生的周期性的生理变化和行为结构，担负着提示时间、事件等重要功能。生物钟与养生保健学有着密切的关系，现代保健学倡导将人的生物规律融入养生领域，按照作息节律进行身体的保养。正能量的生活必须以科学合理的生物钟为前提。

人体生物节律的变化以时间为基础，身体在每一时间段所处的状态有很大的差异，根据生物变化规律掌握生活与工作的节奏可提高生活效率和工作绩效。

0 点：身体进入细胞更新阶段。

1 点：经过 3~5 个小时的睡眠，人体已经进入熟睡期，有些疾病会趁机干扰身体。

2 点：肝脏进行排毒工作，其他器官进入休整阶段。

3 点：各器官进入休息状态，呼吸薄弱，脉搏略低。

4 点：血压降低，肌肉处于弱循环状态，身体机能较弱，此时死亡率最高。

5 点：肾上腺素分泌减少，已经度过最佳睡眠周期。

6 点：血压回升，体温升高，各器官已经苏醒，迎来一天中首个记忆高峰期。

7 点：肾上腺分泌进入高峰期，血液循环畅通，免疫力强。

8 点：机体排毒工作结束，神经系统处于兴奋状态，此时的记忆力极强。

9 点：此时的记忆效果仍然很好，思维缜密，是接受全天工作任务的最佳时期。

10 点：对疼痛的感觉较弱，热情高涨，工作能力强。

11 点：心脏功能较强，此时工作状态最佳，最容易忽视工作压力。

12 点：消耗大量体能，需要进餐来补充营养和能量。

13 点：精神不振，有疲乏感，最好通过睡眠补充体力。

14 点：应激能力较差，动作迟缓，适合做些简易琐碎的工作。

15 点：代谢旺盛，神经敏锐，是分析工作情况，激发创造力的有利时期。

16 点：血糖含量增加，并适时地减轻工作量。

17 点：神经处于敏感期，听觉、视觉敏锐，适合做总结工作。

18 点：体力和耐力增加，适合进行体育锻炼。

19 点：血压升高，情绪不稳定，尽量避免驾车及与人冲突。

20 点：充分吸收食物中的营养成分，身体重量为全天最重，反应敏锐。

21 点：身体处于记忆高峰期，适合构思次日的工作计划。

22 点：体温下降，白细胞增多，适合睡眠。

23 点：细胞开始进行修复工作。

根据生物规律养生是科学有效的选择，如何维持稳定的生物钟是关键，其实只要做好以下 3 个步骤，稳定的生物钟就会手到擒来。

1. 坚持生物钟。尽量使生活和工作时间有规律。

2. 保护生物钟。工作进度的安排难免会打乱正常的生物钟，这时可以顺其自然，然而在结束阶段性的紧急任务时，要使生活步入正轨，继续原来的生物节律。

3. 修护生物钟。当生物钟不规律时，要通过适时地调整作息制度进行调节，尽快使生物钟回归正轨。

如何能保持生物钟的正常运行呢？睡眠！良好的睡眠是促使机体有序工作的功臣。曾经有人调侃："久不能寐，生活走味。"只有睡眠充足了，生物钟才能正常运转。

有一个著名的生物学家，他一直认为睡眠并不是人的生理需求，为了证实自己的观点，他亲自做了一项实验。在实验过程中，他让其他人密切监视他，采取一切措施阻止他进入睡眠状态。10 天后，他终于再也坚持不下去了，在这 10 天无睡眠的日子里，除了生理功能紊乱，他的身体并没有出现其他的疾病，然而他的心理却发生了巨大的变化。他变得精神恍惚，喜怒无常，动不动就大发雷霆，甚至号啕大哭。

可见，睡眠不仅是人的生理需求，还是人维持正常心理状态的前提。

科学的睡眠方式能够保证睡眠的效率，高效率的睡眠能有效驱走疲乏，使肌体活力再现。

而很多人只有在温馨、惬意的环境中入睡，才能更好地保证睡眠质量。究竟什么样的环境才是适合睡眠的环境呢？

1. 安静。喧嚣的环境使人的大脑处于高度紧张状态，不利于睡眠，因此应避免卧室正对街面的布局。

2. 幽暗。强烈的光线会刺激眼部，影响睡眠质量。

3. 温度。15℃ ~ 25℃ 的气温是最佳的睡眠温度。

4. 通风。要保证卧室的通风，让充足的阳光射入室内，在保持空气新鲜的同时更好地杀菌。

另外，还要注意卧具的选择。卧具，即床、枕头、被褥，睡具的选择也是与睡眠质量息息相关的因素，因此要正确地选择睡具，让身体在健康、舒适的状态下进入睡眠。

首先，床铺的选择：高度——在就寝者膝盖至大腿根之间；宽度——单人床最佳宽度为 90 ~ 120 厘米，双人床最佳宽度为 150 ~ 200 厘米；软硬度——略微柔软即可，以减少脊柱的负荷，减轻肌肉压力。

其次，枕头的挑选：高度——10 ~ 15 厘米的高度为宜，这样符合颈部的曲线，能使身体保持水平；长度——30 ~ 35cm，保证翻身后头部仍能在枕头上；软硬度——柔软且略有弹性，既能减轻颈部压力又能支撑头部。

最后，被褥的选择：长度与宽度——与床的面积相当；色泽——柔和的颜色在美观的同时更赏心悦目；质地——轻薄又保暖的被子会减轻身体负重，使人轻松入睡。

做人需要原则，处事要讲究原则，睡觉同样是有原则的。为什么有些人睡眠充足却仍然全身不适？为什么有些人睡眠时间有限却倍感舒适？原因在于前者忽视了睡眠原则，盲目入睡，而后者却按照睡眠原则，有规律地入睡。

1. 睡前 1 ~ 2 小时淋温水浴或用热水泡脚。

2. 睡前喝杯热牛奶，避免喝咖啡、茶水和其他有兴奋作用的饮料。

3. 保证床铺的整洁和卧室的安静。

4. 听舒缓的音乐，使精神处于放松状态。

5. 卧具以及卧室的墙壁都为淡色。

6. 穿质地柔软，宽松的睡衣。

7. 睡眠前不要吸烟喝酒。

8. 睡觉时避免吹风扇、空调，如果开窗入睡，那么头部要远离卧室的窗口。

9. 不要裸露腹部。

健康的睡眠能够保持稳定的生物钟，而稳定的生物钟又是维持身体健康的根基。所以，要了解了自己的生理工作机制，制定科学的生物钟，形成良好的睡眠，这样才能保证身体的健康。

如何应对"胃"机

新鲜奇特的食物、五花八门的饮食方式和随心所欲的饮食规律使现代人"吃着美味遭着罪"。大多数人都在赶公交车的路上匆匆地解决早餐，在快餐店或办公桌上囫囵吞枣地吃完午餐，随后又在晚餐中暴饮暴食，恶补一天的能量亏空，如果遇到加班，还会在空调风下享受美味的夜宵。

如此不规律的饮食方式，真的是高估了胃的承受能力。调查显示，胃病是现代办公族最常见的疾病之一，而大多数人却在胃病严重后才意识到问题的严重性，开始实施养胃计划。最好的方法就是防患于未然，随时检查自己的身体状况，以下几个标准可以帮你准确地判断自己的胃部状况。

1. 晨起刷牙时会有呕吐的感觉。
2. 长时间口臭。
3. 舌苔厚重且呈微黄色或浅黑色。
4. 打嗝时气味难闻，有时还有烧灼喉咙的感觉。
5. 畏寒，便秘。
6. 要么食欲不振，要么胃口大增。
7. 胃部会突然刺痛，且疼痛难耐。
8. 在正常饮食的情况下会出现胃胀、胃酸等现象。

如果你占据了以上几点中任意 2～3 点，那么你的胃已经开始背叛你了，此时不加紧防治，更待何时？

胃是身体必备的器官，也是营养和能量的供应站，然而胃是脆弱的，经不起任何摧残和磨炼。恶劣的饮食习惯、不良的生活方式使现代办公族的胃深陷囹圄之中。最常见的"胃"机有三种：消化不良；肠易激综合征；胃溃疡。

别再让胃酸、痉挛、绞痛等症状困扰你的胃，别再让食欲不振、胃口剧增牵制你的胃，以下原则将指导你打一场稳赢不输的保"胃"战。

1. 心绪平稳。胃病的产生和演变与情绪变化有着密切的关系，人在焦躁、烦恼时，不良情绪会影响肠胃功能，从而影响胃酸的排泄，破坏胃黏膜。

2. 休息有度。充足的休息时间可以保证胃肠供血量，促使胃液正常分泌。

3. 饮食清淡、温和。油腻、过咸、过辣、生冷的食物会刺激胃黏膜，影响消化功能。

4. 饮食规律。规律的饮食包括保质、定量、守时，长期坚持有利于消化腺的运作，促进营养吸收。

5. 餐前饮水。饭前 40 分钟至 1 小时饮水，有助于稀释胃液，促进消化。

6. 细嚼慢咽。食物嚼得越烂越利于肠胃的吸收，咀嚼时产生的唾液会保护胃黏膜。

7. 戒烟限酒。吸烟有损胃壁细胞，饮酒会加重肠胃负担，影响胃部的抵抗力。

8. 饮食清洁。含有细菌的食物会引发胃肠疾病，如食物中含有幽门螺杆菌时，饮食者很可能会感染胃溃疡。

9. 补充维生素 C。胃液中的维生素 C 是增强胃部功能，提高胃部免疫力的重要元素，适量地补充维生素 C 可以强胃健胃。

10. 合理用药。选择对胃部伤害小的药物，饭后服药会减少药物中的化学物质对胃部的损害。

胃健康，为快乐。胃是人体内的"核心部门"，稳健的肠胃是打造健康体魄的重头戏，所以，不管你是否患有胃病，打一场保"胃"战都势在必行。

健康体魄之水动力

曾有实验证明，一个人在不吃饭只喝水的情况下能生存几十天，然而在断绝水源的情况下，他连几天都坚持不了。对人来说，水的重要性仅次于氧气。在人体内，水的含量大约为 60% ~ 70%。体内失水 10% 会威胁到健康，如果失水 20%，则会有生命危险。此外，水还有非常重要的生理功能。没有水，血液循环没法正常运行；消化、分泌、排泄等生理活动也会受到影响；没有水，机体就没法进行新陈代谢。此外，补水也是美容的重要环节，缺水的皮肤容易干燥、长皱纹。

之所以说健康的生活呼吁水动力，是因为饮水的益处实在数不胜数，以下几点最典型：

1. 提高免疫力。可以使免疫系统保持活力，更有效地对抗细菌的侵犯。

2. 提高注意力。能够帮助大脑保持活力，更有利于对信息的记录。

3. 对抗抑郁。饮水能够刺激神经生成抵抗抑郁的物质。

4. 防止失眠。水是制造天然睡眠调节剂的必需品。

5. 抵抗癌症。使造血系统运转正常，有助于预防多种癌症。

6. 预防疾病。饮水能够预防心脏和脑部血管堵塞。

水分平衡是维持肌体健康的关键，只有在肌体平衡的状态下才能更好地迎接新一天的各种工作压力与挑战。众所周知，晨起一杯水能够清肠胃、醒肌肤。那么该怎样正确地享用这第一杯水呢？

1. 清水即可。当然，也可以喝蜂蜜水，既能治疗便秘又能增加营养成分；还可以在水中放一片干净新鲜的柠檬，不仅能使身体达到酸碱平衡，还能有效排毒。

2. 正常情况下，人体每天需要补充的水量为 2 ~ 2.5 升，清晨是补水的关键时刻，此时适当补充水分能更好地促进血液循环，冲洗肠胃，250 ~ 300 毫升为宜。

3. 空腹喝水效果最好，同时要"细水长流"，早起后人体处于"苏醒"状态，猛地喝下大量的水会降低血压，引发头晕、头痛等不适。

4. "水温≈室温"是最佳选择。通常，25℃左右的开水具有更好的生物特性，不但能促进新陈代谢，还能提高免疫力。冬季到来时，可以适当增加水温，以更好地保护肠胃。

常人每天至少应该喝 8 杯水，除了清晨一杯水，其他的补水时间也大有学问，在恰当的时机补充恰当的水分才能帮助身体撑过职场考验。

从起床到进入工作状态，已经历了一个紧张忙碌的早晨，早晨起床后的每一个环节都要消耗一定的体力，比如洗漱、吃早点、准备上班以及上班的途中，这一系列活动会使身体出现暂时的脱水现象，这时喝杯水再工作能够更好地缓解紧张情绪，激发身体活力。

那么，一天中该在什么时间喝水最健康呢？怎样喝水最能促进身体对水分的吸收呢？何时补水最科学呢？下面的"喝水时间表"将提供一些参考。

1.6：30。经过一整夜的睡眠，身体开始处于缺水状态，因此起床之际先喝 250 毫升水，这样可以帮助肾脏及肝脏解毒，促进排便。

2.8：30。通常，这个时间是清晨从起床到抵达办公地点的过程，这个时间段精神处于紧张状态，情绪也较紧张，身体无形中会出现脱水现象。所以，别急着以一杯咖啡来开始一整天的工作，先给身体补一杯水，这会使你更加自信地投入工作中。

3.10：00。忙碌一段时间后，一定得趁起身活动的时候再提醒自己喝一杯水，一方面可以补充流失的水分；另一方面，还可以缓解紧张的工作情绪。

4.12：50。午餐约半小时后再喝一些水，这样可以增强身体的消化功能。

5.15：00。大半天的忙碌后，身体难免会进入疲劳期，很多人会选择用一些饮料或咖啡来提神。其实，用纯净水来提神是最佳的选择，因为纯净水健康放心，没有任何添加成分和刺激作用，是提神醒脑的良品。

6.17：30。忙碌了一整天，以一杯水来结束一天的工作吧！晚饭前喝一杯水，会增加胃部的饱足感，因而晚饭自然不会暴饮暴食，既减轻肠胃负担又帮助保持身材。

7.20：00。洗澡前别忘了给身体补补水，提前补充在沐浴的过程中流失的水分。

8.21：30。睡前30分钟至一小时再喝一杯水，以免第二天醒来后口干舌燥，但是不要一口气喝太多，否则会影响睡眠质量。

不仅要注意补水的时间和量，还要注意饮水过程中的健康卫生。曾有消费者举报某公司的纯净水不符合健康标准，因为该居民饮用了自己家的饮水机里流出的水后身体出现多种不适。然而，检测结果却显示，该品牌纯净水符合饮用安全标准。究竟是检测结果有嫌疑，还是该居民无事生非呢？都不是，病毒的元凶是饮水机。

不论是在办公室还是在家中，饮水机的消毒工作都不能忽视。尽管订购的都是纯净水，然而　再纯净的水经过"不纯净"的饮水机过滤后，也会变得危机重重。

在更换桶装水的过程中，空气中的一氧化碳、病菌会进入饮水机内，这些有害物与饮水机的材料散发出的甲醛等有害气体共同作用，生成大量病菌。

因此，必须按照如下步骤，经常为饮水机消毒。

1. 关闭电源后将水桶取下，将机腔内的剩水放出。

2. 仔细擦拭饮水机内胆及安放水桶的部位。

3. 用大概 250 毫升的消毒剂溶解在水中，浸泡饮水机约 15 分钟。

4. 排出含消毒液的水后，再用大量清水冲洗饮水机腔。

5. 用干净的抹布擦干饮水机内外，置于空气中 15 分钟后再放桶装水。

看来，补水远远不是渴了就喝那么简单，这里面有很多的学问。坚持健康的饮水方式更有利于保证健康的体质，科学饮水，使生活充满水动力。

避免"过劳死"，培养健康智商

到处都是健康的口号，人人都在呼吁健身，然而老年病青年化、过劳死的现象却频频发生。如今，越来越多的人忍不住要问：拿什么偿还你，透支的健康？

国内某知名高校年轻的教授，连续几个月不分昼夜地工作，在没有任何征兆的前提下突然病倒，从此再没有醒来；某大型国企刚过而立之年的劳动模范，在加班时突然晕厥，数月后死于脑出血；某著名民营企业董事长，长期身体不适未加调理，最终在一次大型会议期间猝死；某国际知名艺术家，将艺术视为生命的至高境界，最终在艺术的舞台上结束了年近不惑的生命……

早在 20 世纪末期，英、美、日等发达国家就频频出现职场人士英年早逝的现象，数以万计的工作人员在体力透支的情况下长年累月地超负荷工作，最终走向可怕的结局——过劳死。然而，10 年前还以旁观者自居的我国的职场人士，现在大多数已经踏入过劳死的门槛，令人羡慕的锦绣前程就在极端的工作强度下戛然而止。

匍匐在工作前线的人们是否应该停下来想一想，用透支的健康支撑起来的事业，代价是什么？

过劳死，指劳动者在持续超负荷工作的状态下体内积劳成疾，最终导致血压升高、动脉硬化加剧甚至致命的现象，简言之，就是长期过度劳动后引发的猝死。

尽管社会一再呼吁职场人士要"珍爱健康，珍惜生命"，然而这种呼声却阻挡不了过劳死在多数发达国家和少数发展中国家的"流行"。在我国，30～50 岁病逝的人群中有超过 90% 的人死于过度劳累所致的疾病。北京、上海、深圳等一线城市的知识分子平均寿命已从 10 年前的 58 岁下降到 53 岁，而这一群体的健康状况已经不能与 10 年前相提并论。

尽管健康的警钟一再敲响，却仍有无数人相继踏入疾病的沼泽，这一沉重的事实不禁令人感慨万千：看似聪颖绝伦的精英们，怎么会拥有少得如此可怜的健康智商？

很多国家成立了针对职场青年过劳死现象的"过劳死预防协会"，通过各种途径向社会宣传健康常识以及过劳死的预防知识，比较典型的国家为日本。为了加强人们的自我检测能力，日本"过劳死预防协会"公布了过劳死的典型征兆：

1. 体重骤增或骤减。

2. 耳鸣、鼻塞。

3. 便秘、尿频。

4. 性功能下降。

5. 疲乏倦怠，颈肩僵硬。

6. 手脚冰冷、麻木。

7. 起立时眼黑、头晕。

8. 胸闷、心悸。

9. 内心孤寂，甚至有厌世心理。

10. 思维涣散，情志失常。

11. "将军肚"早现。

12. 脱发、斑秃、早秃。

同时或相继出现以上症状中的 3～5 种，则表明已经持有过劳死的"门票"；如果出现 6 种以上的症状，则表明身体已经处于危险期。

如果说亚健康是体内潜伏的杀机，那么过劳死就是诱发灾难的导火索，一旦触发，就会对健康造成灾难性的毁灭，如此一来，终生的努力都将功亏一篑。

过劳死的发生与职业类别存在必然的联系，很多特殊行业的性质决定了员工的工作强度。经过对全球多起过劳死案例的总结，发现公安人员、新闻工作者、IT 人士、文艺工作者、企业高层管理人员、公务员与科教人士为最易出现过劳死的人群。

不只是从事以上职业的人，其他行业的人员，如销售等也应对于健康给予高度重视，除了注意饮食起居外，还要从以下几方面来维系健康。

1. 定期体检。至少每年体检一次，体检项目应囊括腰颈椎正侧位拍片，心功能、肾功能和肝功能检查等方面。

2. 以茶水代替咖啡。以上职业的从业人员大多为"随叫随到"型，即随时可能接受重大任务，大多数人在连续加班期间会选择喝咖啡提神，以保持头脑清醒。过量喝咖啡会诱发骨质疏松、肠胃疾病，如果以茶代之，会达到提神与健身的效果。

3. 强制休息。在熬夜加班期间，很多人会出现两个极端：要么昏昏欲睡，要么睡意全无，精神紧绷。前者比较容易处理，适当休息片刻就会缓解身体的疲乏；对于后者，应该实施"强制睡眠"，即闭目养神片刻，强制大脑进入休息状态以减轻用脑过度造成的大脑疲劳。

4. 愉悦的工作氛围。良好的人际关系能促使一个人以更饱满的热情投入工作中，融洽的同事关系不仅能提升团队的工作效率，还能让人乐观地面对工作中的棘手问题。

积重难返，别让生命之弦如此紧绷，别让年轻的生命戛然而止。

对抗防不胜防的现代病

俗话说："凡事有利必有弊。"科技的发达便利了人们的工作和生活，但也对人们的健康产生了负面影响。新世纪的人们已经不知不觉地陷入了辐射怪圈中：电视辐射、电脑辐射、电冰箱辐射、手机辐射、微波炉辐射……各种各样的辐射交织成一个硕大的辐射圈，将人们困顿其中。

现代最主要的办公工具就是电脑，而又有多少人知道电脑的辐射有多大？

机型	辐射值/ 伏/米
台式机	主机：170
	屏幕：218
	键盘：1000
	鼠标：450
笔记本	2500

可见，单是一台电脑的辐射值就已经超过了2500伏，试想一下，在摆满电脑和其他电器的房间里，人们每天面临着多大的辐射值？

有人认为，随着生存环境的改变，人们对外界刺激的适应能力也会有相应的提高，因此不必在乎辐射的影响。这种观点有一定的道理，然而也存在着不可忽视的局限性：当辐射超出人体所能承受的范围时，是否还能继续忽视它的存在呢？

科普文献中介绍，在0.05米范围内，对人体无害的辐射值应该控制在25伏/米。一旦超过这个值，将会引发以下危害：

1. 引发头晕、乏力、耳鸣等疾病，降低免疫力。

2. 引发生殖系统疾病。

3. 促进细胞癌变。

4. 影响荷尔蒙分泌。

5. 导致内分泌失调。

6. 加速钙离子的流失。

7. 引发心血管疾病。

8. 引起皮肤过敏。

9. 影响胎儿发育。

10. 引发痴呆症。

11. 引起情绪异常变化，甚至使人产生自杀倾向。

辐射对身体的损害固然不能忽略，但也没有必要对充满辐射的办公室望而却步，为了能身心健康地投入到工作中，可以采取以下有效对抗辐射的办法：

1. 显示器摆放在距离上身 55～75 厘米处，避免辐射最强的主机背面对着他人。

2. 在显示器旁放一盆仙人掌，可以大量吸收辐射颗粒。

3. 淘汰过旧的电脑，同等机型和同样摆放条件下，旧电脑的辐射值是新电脑的 1 倍。

4. 涂隔离霜并戴防辐射眼镜。

5. 屏幕亮度越大，辐射值越大，在保护眼睛的前提下适当地调整屏幕亮度。

6. 保持良好的通风。

7. 喝绿茶、菊花茶等能有效防辐射的饮品。

8. 多吃香蕉、胡萝卜、西红柿等富含维生素的蔬菜和水果。

9. 使用电脑后用清水洗脸，可以洗去面部七成以上的辐射颗粒。

在数字化时代，保持身体健康的方式也要与时俱进，只对抗辐射还不够，还要预防五花八门的"现代病"，比如，电脑脸、电脑脖、鼠标手。

无纸化办公的普及使电脑越来越被重用，不论是传送文件还是发布消息，在可以避免 face – to – face 的传达形式下，只要能节省时间，这些工作都通过互联网来完成；而人们之间的沟通交流也逐渐由最初的书信发展到网络，比如 QQ、MSN、e-mail 等，因此，生活离不开电脑、工作离不开电脑也就成为无硬性规定的"必然"了。

长期面对电脑的人，会在无意中使自己的脸部成为"电脑脸"：面无表情、严肃冷峻，同时还伴有枯黄、呆板的神情，加上很少与人沟通，所以这种严峻、冷漠的表情在他们的脸上就会定格，成为他们永久的表情。起初，电脑脸只出现在"宅男"和"宅女"的脸上，而现在，电脑脸已经锁定了大多数的频繁使用电脑的人。

电脑脸已经上升到心理的高度，成为一种严峻的心理问题。因为拥有电脑脸的人大多数为（或正在转变为）内心冷漠、内向、孤傲的人，同时，这类人群会逐渐表现得脱离群体、独来独往、我行我素，这对他们的生活和工作都是一种威胁。因此，离不开电脑的人要注意防治电脑脸。

1. 与亲朋好友保持一定的沟通，培养一个知心、可靠的朋友，随时交流内心的感受。

2. 尽量用面对面的沟通代替互联网上的书面沟通。

3. 要有自己的爱好和追求，并保持积极乐观的心态。

4. 参加户外运动，释放所有的不快和压力。

5. 每周至少有一天离开工作的环境，暂时不面对电脑，让身心呼吸新鲜的空气。

除了电脑脸，电脑脖也是由于长期不恰当地使用电脑而导致的疾病。电脑脖，即久坐在电脑前的人，以从事写作、编程工作的人为代表，常常会感到颈部疼痛难耐、肩部下沉、背部负重，并时常伴有四肢麻痹、听力下降、视力减弱等现象。在办公室里看见哪个同事时不时地揉揉眼、甩甩手、摇摇头、捏捏颈的确不是什么稀奇的事情，然而当某个同事不停地拍打自己的颈部，环绕自己的头部时，他很可能就是电脑脖群体中的一员。

现在，大多数人都意识不到电脑脖的严重性，大家都认为坐在电脑前久了，颈部酸痛是正常的反应，不必在意。可事实上，电脑脖同样需要时刻警惕，趁早治疗。因为承接躯干与头部的颈椎骨很脆弱，如果长期保持颈部僵直对着屏幕，或者低头打字，颈部神经会受到劳损，还可能引起增生。如果不及早治疗，颈椎会发生病变，对颈部的神经、血管、脊髓造成压迫。

颈椎病变导致的后果

压迫神经	使神经萎缩，从而使手部酸、麻、胀、痛
压迫血管	使人头晕脑涨，甚至引发中风
压迫脊髓	使下肢麻木、无力，甚至会瘫痪

鼠标手是又一新兴的"文明病"。鼠标手，顾名思义，是由于长期用鼠标或不正确使用鼠标导致的手部各种不适症状。由于使用鼠标时会对手腕形成一定的压力，使神经传输受阻，同时影响手部的血液循环与供应，从而引发手指麻木、肌肉无力、痉挛、酸痛等异常反应。

如何判断鼠标手？很明显，鼠标手的感染人群必然是经常使用鼠标的人，特别是每天对着电脑、握着鼠标工作的人。

鼠标手的症状往往很明显，容易识别，只要根据如下症状来进行自我检测，就知道自己是否已经成为鼠标手了。

1. 手指不灵活，手掌、手腕和手臂麻木、酸痛。

2. 手指痉挛、刺痛。

3. 腕关节肿痛、手部无力。

4. 手部协调能力下降。

5. 夜间伴有灼痛，严重时会延及肩部和颈部。

以上各条针对常握鼠标的手，上述症状即使是偶然或轻微出现过，也不能掉以轻心。

那么，如何防微杜渐，从源头上避免鼠标手呢？

1. 使用适合手部弯曲弧度、宽大、有利于分散手部力量的鼠标。

2. 键盘与鼠标应该并行摆在身体正前方、侧前方，使肘部顺利屈伸。

3. 手部与手腕保持水平，角度过小会挤压腕关节，不利于血液的畅通循环。

4. 手部与手腕要在一条直线上，不要向左、右偏离，以免过度拉伸腕部肌肉。

5. 使用电脑时要端坐，但不要紧绷肩、颈、背部，以使手臂自然屈伸。

6. 连续用鼠标半小时要适当地休息手部，并且活动一下腕关节和手指。

鼠标手并不是不治之症，然而严重时也会让人寝食难安，因此绝对不能听之任之。长期练习以下几个小动作，可以有效防治鼠标手。

防治鼠标手小动作

动作细节	功效
分别按照顺时针、逆时针方句旋转手腕 20 次	缓解腕肌酸痛
手握一瓶矿泉水（或等重物）上下抬升 20 次	防治腕关节增生
持续做握拳运动约 30 秒	促进手部血液循环
用一只手按摩另一只手指、手腕约 1 分钟	疏通经脉、活血镇痛
握拳后依次伸开 5 个手指反复 10~15 次	滑利关节

不要小看这些看似无关痛痒的现代病，辐射、电脑脸、电脑脖、鼠标手等，它们无一不是吞噬健康的罪魁祸首。不要小觑那些病前征兆，也不要忽视任何不适，一旦发病必须立刻就医。

开车族，为自己的健康上"保险"

关注开车族的"心"气象已经成为日益重要的话题。以车代步已经成为越来越受追捧的出行方式，开车节约了等公交车的时间，也避免了挤公交车的不便，是节约时间，提高工作效率的新手段。然而，长期驾车也存在种种弊端，抛开昂贵的油费不说，长期精神集中地坐在驾驶座上，大大减弱了血液循环能力，同时对心脏形成了日益严峻的威胁。

1. 堵车引起的坏情绪——引发血管痉挛

拥挤的交通浪费了有限的时间，鸣笛四起让本来就烦躁的情绪变本加厉，这时的身体状况并不比心理状况好到哪去：血管痉挛是指冲动的情绪使大量血流涌进心脏，急剧上升的血压猛烈冲击着心脏，使人感觉心脏快要炸开时的状态。

解决方案：音乐。这时如果拼命击打方向盘或大声咒骂只能使自己的情绪更坏，同时使自己的状态更糟糕。此时，聪明的上班族会打开车内的音乐开关，倾听调节情绪的音乐。

2. 注意力高度集中——导致心肌缺氧

正常路况下，开车族的注意力会保持高度的集中，遇到艰险路境时，他们的注意力会异常集中。持续紧绷的神经会促使血管收缩、血压骤升，从而致使心肌缺氧。

解决方案：淡定。平静的心态能够缓解心理压力，扩张紧缩的血管。

3. 腿脚退居二线——加重心脏负荷

习惯了开车上班的办公族同时也习惯了开车去购物、拜访亲友，甚至连周末的户外互动都被"驾车旅游"取代。腿脚长期不能充分活动，下肢的血液减少了心脏回流，这在无形中加剧了心脏促使下肢血液循环的工作。

解决方案：多运动。如果每天开车上班是不可避免的，那么至少乘坐电梯是可以避免的。上班族大可匀出一部分开车节省的时间来走楼梯，锻炼一下腿部肌肉。另外，休息时间也要进行适当的锻炼，好让全身血液循环畅通无阻。

4. 我心飞扬——心肌功能减弱

司机遇到畅通无阻的马路如同久旱的麦田遇到倾盆大雨，那种感觉怎能一个"爽"字了得。然而，高速行驶也为心脏套上一层牢笼：时速为 55～60 千米/小时时，驾驶者的心跳约为 70～73 次/分，而当时速上升到 95～100 千米/小时时，驾驶者的心跳约为 94～97 次/分。过快的心跳增加了心脏供血的负担，加大了心肌的扩张与收缩难度。

解决方案：补钾。香菇、橙子、香蕉等富含钾元素的食物有助于降低心率，形成心脏保护膜。

除了生理健康需要高度关注外，心理状况也是开车族必须密切关注的。为什么越来越多的开车族变成了路怒族？所谓路怒族，就是指在交通遇阻时情绪大变，通过捶打方向盘、狂按喇叭、说脏话来发泄心中愤懑的开车族。令人吃惊的是，平时温文尔雅的绅士和温柔恬静的淑女竟然是路怒族的主体！为什么这些绅士、淑女反而会成为令人排斥的路怒族呢？

其实，原因不外乎以下几种：生活压力大，无处发泄；工作任务重，无法脱身；心理素质不佳；对自己的车技不自信；没有机会发泄自己的不良情绪。

那么，该如何攻克路怒症呢？

解铃还须系铃人，带着内心堆积的压力和不良情绪坐上了驾驶座，然后在精神高度集中的状态下驾车行驶，这样，驾车中的疲劳逐渐从肢体上转移到心理上，进而引发了本来积压的烦躁，如此一来，就顺利转型成为路怒族。可见，心理上的阴霾是路怒族"成型"

的最直接因素，因此治疗路怒症还要实施心理攻略。

1. 调整心态，积极应对生活中的各种疑难问题。

2. 开车时听音乐或者广播，转移不良情绪。

3. 开车时尽量不要接电话，更不要在开车途中与人争吵。

4. 遇到繁忙路况时做深呼吸。

5. 尽量与前面的车辆保持一个安全的距离。

6. 在等红灯或堵车的空当开窗呼吸新鲜的空气。

7. 不要与其他车辆飙车，更不要强行切入别人的车道。

8. 不要向车窗外吐口水。

9. 不要对其他司机做粗鲁的手势。

10. 不要频繁地按喇叭。

11. 在车上放一些让自己心情愉快的东西，比如全家福、喜欢的小宠物玩具。

第八章

正能量练习（七）：战胜负能量

　　如果将正能量比作希望的滋生地，那么负能量则是绝望的发源地。凡是能够迅速使人情绪低落、意志消沉、悲观懈怠的负面因素都是负能量，此外，嫉妒、贪婪、懒惰等也都是负能量的代名词。在激发、传递正能量的过程中，必然要面对的难题就是战胜负能量，因为每一分负能量的产生都会抵消一分正能量，在正负能量此消彼长的过程中，唯有战胜负能量才能焕发正能量。

1%的负能量导致100%的败局

面对阳光，就看不到阴影。如果一个人无法将昨日装满挫折的包袱卸下，那么他就永远也不能肩负起今天满载挑战的重担。

如果在唯美的意境中感触悲伤，那么忧郁就是一种忧伤、典雅的气质，一种闲适、恬淡的精神品质，一种浪漫、凄美的文化格调。总之，在如诗如画的境界里，凄美是一抹清馨、淡雅的茶香。然而，在纷繁错乱的现实中，颓废的人往往无法正视残酷的事实，早已沉淀的哀伤基调使悲观的人成为社会旋涡中的沦陷者、失败者。

造成悲观的原因有很多，最主要的是不健康的心态和欠佳的体质。悲观消极不但不会为你迎来特殊的同情和关爱，反而会为你驱走即将到来的成功和荣誉。总之，尽量不要做"愤青"和"郁女"，人生总是有太多的无可奈何，一个人生活在种种无可奈何之中，他的人生并不是真正的悲哀，但是如果他的存在使周围的人都无可奈何，那么他的人生才是真正的悲哀。如愿与否，往往在一念之间，不管身处何种境地，只要你的心面向阳光，那么你的生活中就不会有阴影的存在。

在你的生活中，负能量的成分占据多少呢？请根据以下清单进

行自我检测，按照与自己相符的程度进行打分：否→0 分；轻微→1
分；中等→2 分；严重→3 分。

1. 你是否是个多愁善感的人，一点小事就会引起你的无限惆怅？

2. 你是否认为自己的未来缥缈不定？

3. 你觉得自己很失败，再怎么努力也看不到希望？

4. 你常常对身边的人自叹不如，你觉得自己什么都拿不出手？

5. 你常常会因一个小错误而自责不已，每当碰到犯过错误的事
情就会紧张？

6. 你总是犹豫不决，生活中大事小事的选择都是让你头疼的
问题？

7. 有时候你会莫名其妙地烦躁不安，但是很快又会好起来？

8. 你觉得生活中没有几个可信的人，关系再亲密的人也可能在
背后害你？

9. 你是否对生活和事业都丧失了兴趣？

10. 你是否经常幻想自己生命垂危或者老无所依的情景？

11. 犯了错误你总是第一时间想到逃避，或者是推卸责任，很少
想到如何解决问题？

12. 你承认自己有些贪得无厌，总是吃着碗里的看着锅里的？

13. 你遇到问题总是很冲动，很少能够平心静气地解决问题？

14. 你是否常常幻想自己有心理疾病？

15. 你觉得幸福的生活离你很远，你的人生就是阴暗的？

测试分析

0～8 分：总体来讲，你是个积极向上的人，心中的负能量比重
非常低，只要保持积极乐观的生活态度，坚持健康的生活方式，将
这种状态维系下去，不断用正确的方式积攒正能量，你生活中的阳
光面会越来越多。

9～20 分：这种状态还算理想，因为生活中难免会有些让自己产
生负面情绪的事情发生，只要能将这种情绪合理地控制并加以消灭，
让正能量源源不断地流进你的心里，生活就会重新步入正轨。

21~35分：你需要做的是调节自己的状态，遇事多考虑前因后果，不要用冲动代替一切思维活动，不要丧失对生活的斗志，每天给自己补充一些信心，让自己坚强、乐观起来，摆脱负能量的控制。

36~45分：负能量已经占据了你生活中的大部分，如果不及时加以清除，那么你的生活将阴影重重，人生将注定走向败局。

负能量往往会使人丧失斗志和激情，克服负能量至关重要，以下是一些简单易行的排除负能量的方法。

1. 将困扰自己的事情写出来，然后斟酌这些事情是否真的值得你浪费时间去苦恼。

2. 饲养一只自己喜欢的宠物。

3. 多参加体育锻炼，特别是瑜伽、芭蕾等高雅的运动。

4. 养成饭后散步的习惯。

5. 欢快的音乐和热水澡会帮你驱走心中的苦恼。

6. 知心的朋友永远是你生命中的常青树，遇到烦恼可以和朋友倾诉，向朋友寻求帮助。

7. 使自己保持平稳的心情，不要总是局限于某件让自己不快乐的事情上。

8. 分阶段地解决难题，不要想着一次性根除所有烦恼。

9. 如果不能改变错误的结局，就尽量去弥补自己的过错。

10. 与其将时间浪费在伤感等无聊的心情上，不如努力改变现状。

总之，时刻给自己积极的暗示，不要纵容任何一点负能量在你的生命中扩散，更不要忽视任何一点负能量的威力。因为不加遏制的负能量会发生裂变，即使是1%的负能量也可能会导致100%的败局。

揭示你内心的负能量

根据"木桶效应"（即一个木桶的容量取决于最短的那块木板），一个人的成就在一定程度上取决于他的劣势。如果说每个人心中都有一个能量场，那么主导这个能量场的就是内心的那块短板。如果你的短板是"自私"，那么你的能量值就会停留在"自私"这个缺口上，你的整个能量场所蓄积的能量也以这一水平线为基准。所以，想要战胜负能量，就要不断寻找能量场中的短板，不断地加以修复。那么，你心中的那块短板是什么呢？

1. 你相信善有善报，所以平时应该多积德行善？

是的→第 4 题

不是→第 2 题

2. 你只对自己感兴趣的人和事投入注意力，对于那些不感兴趣的人和事都很冷漠？

是的→第 5 题

不是→第 3 题

3. 你有着一颗八卦的心，总是对别人的事情格外上心？

是的→第 7 题

不是→第 4 题

4. 比起发现别人的优点，你更擅长发现自己的优点？

是的→第 6 题

不是→第 5 题

5. 你是那种"不鸣则已，一鸣惊人"的人吗？

是的→第 14 题

不是→第 6 题

6. 当你说错话后，你能立刻意识到自己犯错了吗？

是的→第 16 题

不是→第 7 题

7. 你总是我行我素，很少顾忌别人的指指点点？

是的→第 15 题

不是→第 8 题

8. 你觉得自己有难以改变的坏习惯吗？

是的→第 17 题

不是→第 9 题

9. 生活中的你是个随和、好说话的人吗？

是的→第 18 题

不是→第 10 题

10. 当你描述一件事情的时候，你总是使用一些形容词？

是的→第 19 题

不是→第 11 题

11. 如果空气拥有颜色，你觉得它是什么颜色的？

蓝色→第 19 题

灰色→第 12 题

12. 你会不会因为丧失对某件事的掌控权而拒绝参与？

是的→第 20 题

不是→第 13 题

13. 你有自己的消费理念，在不在意的事情上一定会缩减开支，而对在意的事情却一掷千金？

是的→第 21 题

不是→第 14 题

14. 你的隐忍能力是有限的，因此通常很少感到委屈？

是的→第 22 题

不是→第 15 题

15. 对于别人的质疑，你总是过分在意？

是的→第 23 题

不是→第 16 题

16. 你很讨厌与自我意识特别强的人在一起工作？

是的→第 24 题

不是→第 17 题

17. 对你来说异地恋是绝对不能接受的？

是的→第 25 题

不是→第 18 题

18. 你觉得对成功来说，功利心是必不可少的？

是的→A 型

不是→第 19 题

19. 你觉得"单纯"这个词听起来就很虚伪？

是的→B 型

不是→第 20 题

20. 比起被动接受一些事情，你更喜欢彻底远离这些事？

是的→C 型

不是→第 21 题

21. 如果有人连续两次不接你电话且事后不给你回电话，你就再也不会给对方打电话了？

是的→D 型

不是→第 22 题

22. 最讨厌有人抢你的风头？

是的→E 型

不是→第 23 题

23. 看到朋友处境越来越好，你会感到莫名的失落？

是的→F 型

不是→第 24 题

24. 你总是找各种各样的理由来为自己的懒惰和逃避责任开脱？

是的→G 型

不是→第 25 题

25. 你主张及时享乐，很少会考虑"未来"这类不确定又无法左右的事情？

是的→H 型

不是→A 型

测试分析

A 型：功利。 你总是将能否为自己带来功名利禄作为衡量是否做决定、如何处理问题的标准，然而功利心太强的人往往很难得到信任，这也就会导致自己失去很多原本可以功成名就的机会。建议你多一些务实精神，踏实地做好每一件小事，不要苛求一步登天，因为大多数进步的机会都是为沉稳、务实的人准备的。

B 型：偏执。 你总是因为偏执而误事，对于不在意的事情，你可以丝毫不过问，然而对于在意的事情，你几乎对细节都有一种偏执的追求，正因为这种反差，你给人的感觉要么是太散漫，要么是太执拗，很容易带来距离感。建议你平衡一下自己的注意力，既不要忽视那些自认为无关紧要的小事，也不要过分苛求细节的完美，有时候，松弛适度的方式更适合生存。

C 型：固执。 你觉得直来直去是自己的优点，或者你认为正因为身边的人都知道自己是直率的人，所以才更应该对朋友的缺点或过错直言不讳。其实，不是所有的人都喜欢直白的表述方式，一个人可能会欣然接受别人对自己毫不掩饰的赞美，却很少有人能容忍别人毫不委婉地指出自己的缺点；当然，也不是所有人都会因为了解你的性格而容忍你的直爽。所以，适当地润色自己的语言，收敛自己的锋芒，不要在无意中将自己置于备受诟病的境地。

D 型：小器。 对于别人对自己的评价你总是很敏感，你很在意别人对自己的态度，哪怕别人一个眼神，在你眼中都会成为某种观点的代号。可以说，你的心思被太多是是非非的小事所占据，这样一来，你的眼光也局限于这些鸡毛蒜皮的小事上。不妨试着开阔你的眼界，有句话说"恕心养到极处，世间皆无罪过"，虽然每天在俗世挣扎的凡人难以达到这种境界，但是如果能够按照这个方向逐渐开阔自己的心胸，那么你的眼界也会逐渐放宽，人生也不会每天为无关痛痒的小事起波澜。

　　E 型：强势。 争强好胜的人进取心强，可是生活中处处强势的人却总是难成大器。因为这类人过多地将心思放在排斥异己和争名夺位上，而不是所从事的具体事情上，这样一来，重心必定会偏移，越是不加遏制地任由这种心态发展下去，对于成功和事物本身兴趣的偏移就越大，因此离成功也就越来越远。

　　F 型：嫉妒。 对你而言，最大的制约莫过于嫉妒。让你真心实意地去祝福一个各方面都比你强的朋友对你来说实在是太难了，但最难的还是让你去真心对一个平时处处不如你，却突然声名鹊起的朋友说声"恭喜"。纵容这种嫉妒心理会使你日益狭隘，而狭隘的人只能看到别人的缺点，因此很难进步。所以，不妨发自内心地接纳别人的优秀，特别是那些优于自己的朋友，只有从他们身上多汲取成功的养分，你才能一步步提升自己。

　　G 型：怯懦。 你经常会犯些小错误，因而很难被器重，也正因为别人的不信任和轻视，使你更加对自己不信任，由此便陷入一个不良循环中。如果你多一分勇敢，多几次尝试，多汲取每次犯错误的教训，也许你的生活状态不会这么糟糕，你的内心也不会被这么多的负能量挤占。因为，与其说勇敢是怯懦的克星，不如说它是怯懦的救星。

　　H 型：目光短浅。 对你而言，得过且过的日子远比未雨绸缪来得舒心，所以你总是将及时享乐奉为生命的真谛，很少去触及那些规划人生、筹谋未来等伤脑筋的事情。其实"懒人"未必有"懒福"，往往一个最不起眼的短板就会将你的整体水平线下拉好几个等级，千万别让某个明明可以改进的弱点成为你前进的阻碍。

可以"冥顽"，但不能"不化"

在正能量与负能量的博弈中，决定胜负的关键因素在于是否能够感知自己的价值，并且运用自己的价值。能够感知自己的价值的人无需靠别人的奉承来获得自尊，自信会由心而生，这种自信会支撑起一个堪称优秀的宏观框架，然后通过各种努力去填补细枝末节。这里的价值并不是指名气、地位、资历等，而是指你能够赢得以上种种的潜力。而在由潜力到价值的转变过程中，还要伴随着各种"趋利避害"，摒弃那些不利于价值实现的负面因素。存在缺点并不可怕，可怕的是无视缺点，冥顽不化。

以下是几种常见的负能量，他们是否已经成为你心中的"顽症"，如果是，你该如何引领自己走出囹圄？

1. 缺乏毅力。成功与坚持似乎是相生相伴的，即使不排除很多偶然的机遇促成了成功的结局，但是想要维系成功的状态，就离不开坚持，对选择的坚持、对付出的坚持、对梦想的坚持。缺乏坚持最常见的表现就是："我已经厌倦了""明天再说吧，今天就到这里""不差这一次"。动摇的信念是失败的导火索，一旦点燃，所做的事情就会半途而废。所以，缺乏毅力是最常见又最可怕的负能量，能够牵引一个人坠向堕落的深渊。

攻克办法：有意识地克服暂时的、突发的厌倦感，每当厌倦感袭来时，不要急着让思想开小差，而是站在新的角度去理解和体味正在做的事情，不要主观放大自己的厌烦情绪；积极地激发自己的兴趣，多了解与所做事情相关的知识。比如从事某个领域的学术研究时，可以侧面了解一些该领域的名人轶事（例如，阿基米德在洗澡时发现"阿基米德定理"，结果兴奋地在街上裸奔的荒唐举止），

240

这样既能使学习过程变得轻松，又能加深对知识的印象。

2. 犹豫不决。历来成大事的人都是能够在关键时刻当机立断的人，犹豫不决、优柔寡断的人总是会因为畏惧承担风险而错过机会，其实机遇本来就伴随着风险，遇到一个瞻前顾后的人，机遇也只能自认倒霉。

攻克办法：犹豫不决的人大多悲观、不自信，所以要培养乐观的精神，对事实有个宏观的认识，积极寻找对自己有利的出路；鼓励自己的怀疑精神，不要人云亦云，更不要被别人咄咄逼人的语气吓退；敢于承担责任，没有责任感的人最怕分担责任，所以总是宁可放弃好的方法也不要说出来冒着日后被人埋怨的风险。其实，这种心理是狭隘的自我保护心理，成功需要经验，而经验往往是通过自己和别人的错误总结出来的，所以，让这种狭隘的虚荣阻碍自己是极其不明智的做法。

3. 一意孤行。一意孤行与优柔寡断都是令人头疼的负能量类型，优柔寡断的人总是拒绝机会，而一意孤行的人则是浪费机会。之所以这么说，是因为一意孤行的人总是以主观意愿为行动的指导，做起事来我行我素，很少考虑大局，更不会权衡利弊，所以总是因为任性而犯下错误。

攻克办法：学会谦虚，如果你认为自己具备谦虚的品质，那么不要保存它，将它散发出来；认真回想你每一次的失败经历，其中有多少次是你的一意孤行造成的，如果当初听从周围人的劝诫，你是否能少吃很多亏；在别人提出质疑后首先不要急于反击，先考虑对方的意见是否有可行性，想办法改进他的意见比不顾一切地反驳来得明智。

4. 贪得无厌。"人为财死，鸟为食亡"，贪婪是争强好胜的升级，因此后果的严重性也远远超出争强好胜。永远不要轻视贪婪，因为这是最可怕的负能量之一，无尽的贪婪会扭曲一个人的性格，摧毁一个人的生活，甚至将人们推向生命的尽头。当贪婪占了意识的上风时，人们就会忽视道德、情感，甚至连健康与安危都会抛之脑后。贪婪的习性是可耻的，而贪婪的人是可怕的。

攻克方法：知足常乐，贪心往往是源于不满足，一旦对现实的不满多了，需求层面也就宽了，久而久之贪欲就越来越大，如果不加以克制，就会走向贪婪；培养健康的兴趣爱好，注意修身养性，清心寡欲和品性高雅的人往往不会在蝇头小利上纠缠不休；不要攀比，因为攀比心强的人大多好高骛远，在攀比心的趋势下，他们的需求会随着他们"见识"的增长而直线递增；克服虚荣心，贪婪是虚荣的一种表现，在炫耀心理的作用下，人们总是倾向于占有更多更好的物品来满足炫耀心理。

5. 冲动鲁莽。冲动和鲁莽具备超强的摧毁力。这类人的感情往往很激烈，缺乏理性，做事不考虑后果，容易意气用事，在极端的情绪下采取极端的行动。所以说，想要生活充满阳光，首先要降服冲动和鲁莽这两个魔鬼。

攻克方法：培养镇定自若的气度，即使在情绪起伏较大时也要表现出从容不迫，安静的氛围会有助于降低内心的浮躁；培养自制力，特别是在情绪一触即发的时候，更要及时遏制，不要因为几秒钟的把持不住造成几天甚至几年的自责后悔；培养耐心，陶冶性情，充实的大脑容易产生理性的思维，而理性的思维能够催生耐心；解决问题，而不是升级问题，首先要明确引发冲突的主要原因，有哪些解决问题的方式，哪种方式对自己最有利……经过一轮思索，相信你会比谁都清楚，冲动、鲁莽是对自己最不利的解决问题的方式。

不要小看任何一种负能量，因为负能量的集合就是由每一个不起眼的负能量子集构成的，在不加遏制的情况下，每个子集的扩张都会导致整个集合的扩张，所以，要及时将那些初露锋芒的负能量消灭。当然，负能量最强的敌人就是正能量，积极地辐射你的正能量，用自信面对自卑、用坚强面对懦弱、用友善面对邪恶、用积极面对消极、用乐观面对悲观……直到你的正能量成为你内心不容置疑的统领。

负能量的逆转

一群被捕捞后放在大鱼桶里的沙丁鱼会在漫长的旅程中逐渐失去斗志和信心，于是相继死在渔夫的归途中。死了的沙丁鱼对渔夫来说没有太大的价值，因为卖不上好价钱，所以，聪明的渔夫在装满沙丁鱼的大鱼桶里放了几条鲇鱼，果然，在抵达港口后，这些沙丁鱼一个个游来游去，生命力很旺盛。道理很简单，一群沙丁鱼在狭隘的空间里等待死亡的降临，所以没有一条鱼不是消极懈怠的。然而，异种（鲇鱼）的出现却给它们带来了极大的刺激，这些鲇鱼不断地与沙丁鱼摩擦，于是沙丁鱼的斗志被激发了，它们开始不断地游动，与鲇鱼较量着，结果就这样活蹦乱跳地到达了目的地。这一现象在经济学中被称为"鲇鱼效应"，它对人们的启示如下：

1. 安逸的环境会腐蚀斗志，使人们变得消极懈怠，渐渐丧失了对生命的主动权。

2. 敌意往往是最好的信心助推器，充满敌意的人具备更强的战斗力，有了共同的敌人，团队精神更凝聚。

3. 适度的紧张可以更好地激发潜能。

4. 利用团队中的鲇鱼。一个碌碌无为的团队要想有所作为，就应该投入几条"扰乱民心"的鲇鱼，这样才能促使一些人收起懒惰，进行正向的较量。

沙丁鱼对自己的敌人——鲇鱼充满了警惕和敌意，但同时也应该满怀谢意，因为一个强大的敌人能够给自己带来足够的历练和提升。

在生活中也是如此，人们往往纠结于失去的利益，困惑于艰难的选择，对阻碍自己前进的人充满敌对情绪。其实静下心来想想，如果没有遇见那个让你恨到咬牙切齿的敌人，你也许根本没机会得到现在正享受着的很多东西。所以说，任何让你纠结、困惑的负能量都暗含一个转机，只要你能够积极地面对，昔日的负能量终会逆转为此刻或将来的正能量。那么，你对负能量的态度是什么呢？你是否会促成这种逆转呢？

1. 你是左右逢源的人吗？

是→第 2 题

否→第 3 题

2. 在饭局中，酒桌上，讨好、奉承上司的人群里有你吗？

是→第 4 题

否→第 3 题

3. 你觉得自己真正的朋友多吗？

多→第 5 题

不多→第 4 题

4. 对于那些阻碍你晋升的人，你真是恨之入骨？

是→第 5 题

否→第 6 题

5. 你认为比起被人践踏，高不成低不就的处境其实还算是乐观的？

是→第 7 题

否→第 6 题

6. 在做决定之前，你总是先将前因后果、利弊得失考虑周全？

是→第 8 题

否→第 7 题

7. 你觉得友情和爱情哪个更应该成为你事业的助推器？

友情→第 9 题

爱情→第 8 题

8. 对于自己的实力，你再清楚不过？

是→第 9 题

否→第 10 题

9. 你觉得敌人的出现对自己来说是一种历练，越强大的对手越能激发你的潜能？

是→第 11 题

否→第 10 题

10. 对于自己感兴趣的事物，你总是表现出惊人的毅力和执著？

是→第 11 题

否→第 12 题

11. 你很少会对别人说出自己的真实想法？

是→D 型

否→第 12 题

12. 你习惯了强势，突然要你隐忍，你会感到忍无可忍？

是→B 型

否→第 13 题

13. 只要是你想要的东西，不管采取什么手段你都会争取到？

是→C 型

否→A 型

测试分析

A 型：**逆转成功率30%**。在你的意识里，顺其自然是面对问题时最好不过的态度。低调内敛的你很少会为了一己之利产生比拼意识。这样的你等于为自己营造了一个相对安静的港湾，没有激烈的竞争，也没有光荣的胜出和惨烈地败退。所以，安于现状的你很少去主动争取什么、改变什么，这并不意味着你不会受制于负能量的困扰，但是你将负能量转为激发自己前进的能量的情况却不容乐观。

B 型：**逆转成功率50%**。你是那种拿得起也放得下的人，能够洒脱地面对得失纷扰，而且对你来说，那些得不到的东西也许根本就不具备太大的挑战性。你能够找到适合自己的宣泄途径，可以很好地释怀自己，就算你想要争取的被别人抢走，你也会先安慰自己，而不是去反击、保护自己。生活踏实沉稳，但是一味地妥协并不是最好的选择，越是容易妥协的人往往越容易放弃，而过分地退缩只会加剧负能量的滋生、裂变。

C 型：*逆转成功率70%*。你会采取铁腕手段留住自己想要的，雷厉风行的处事风格会为你带来不小的收益。但是，枪打出头鸟，过于张扬跋扈的人往往更容易成为众矢之的，收敛自己的锋芒，学点旁敲侧击、"动之以情"的方法，也许你在负能量面前会更沉着、自信。

D 型：*逆转成功率90%*。你有自己的想法和处事方法，你知道什么是自己想要的，该怎么得到自己想要的，同时你也能够冷静地判断局势，不会鲁莽行事。面对强大的阻碍，你的斗志会油然而生，但同时你也懂得如何遏制冲动，这样的你既有魄力又不乏智慧，是可以成功逆转负能量的典型。

负能量的逆转不仅需要智慧的头脑、沉着的定力，还需要在岁月中沉淀下来的良好生活习惯：一怕性急发脾气，二怕苦闷心压抑；三怕争功贪名利，四怕油腻不回避；五怕烟酒不离席，六怕缺失抵抗力；七怕情场不如意，八怕职场受排挤；九怕小病不警惕，十怕生活不节欲。

摆脱负能量的心灵瑜伽

负能量有两个主要的"生产渠道"：一是自身方面的因素；二是恶劣的环境，包括人文环境和自然环境。不论你的负能量是源自内心还是外界，或者是二者的共同作用导致的，你都不能忽视一个事实：负能量是健康人生的腐蚀剂。

其实摆脱负能量的方式有很多，最彻底、最见效的当属由内而外地升华自己、净化灵魂的心灵瑜伽。

1. 冥想。静下心来，冥想一切美好的事物，想象自己与这种美好的亲密无间，用心感受一切智慧的、积极的、正面的能量。其实正能量充斥于生活的每个角落，只是由于生活所迫、工作所累，我们总是将注意力转移到那些让自己头疼的事情上，从而忽视了本就存在的美好。

2. 想象。想象力的无限性能够弥补知识的有限性，想象力是进步的意识之源，更是一切美好的开端。常想象一些让自己身心愉悦的事物，你内心的负能量就会逐渐被驱散。

3. 亲近自然。大自然是最原始的正能量场，亲近自然，赤脚踩在沙滩上、草地上，倾听林间鸟语，细闻泉水叮咚，你的负能量就会"识趣"地逃走。

4. 寻找发泄途径。不要一直压抑自己的不良情绪，因为每一次压抑都是为日后的爆发蓄积能量。所以平时要学会寻找发泄口，合理地疏导情绪，多一些"泄洪"渠道，才能避免决堤的恐怖场面。

5. 消除怨气。怨气是负能量的发电厂，抱怨越多，负能量就越充足。接受自己的负面情绪，容许自己有委屈不满，但转过身后就要将其抛之脑后。

6. 每天给心灵洗个澡。不要以污浊的思绪结束一天，更不要用负面的心情开始新的一天。每天清理情绪中的垃圾，给心灵洗个澡，让自己能够轻松愉悦地面对生活。

7. 学会感恩。感恩只是一种心态，可以不必针对个别人、个别事，每天被老板差来遣去，说明自己有利用的价值；终日忙得焦头烂额，说明自己是个重要的角色；家人在身边唠叨不停，说明你被关心着……生活中所有的事情都能够用另一种心情去释怀，所有的"不幸"都有值得感恩的地方。以感恩的心情面对这个世界，负能量也会逆转为正能量。

8. 接纳自己。也许你不够学识渊博，也许你不够聪明伶俐，也许你不够出类拔萃……这些都不重要，重要的是你能够正视自己、接纳自己。不要为自己的不足而默默沮丧，要知道这些都是激发你潜能的领域。

9. 坚持学习。种瓜得瓜，种豆得豆。你所需要的各种知识都能通过学习获得，从书本上学习、从电视节目中学习、向身边的人学习，丰富的内心才能逐渐强大起来，内心空虚的人永远不会气定神闲地应对各种突变，更不会理解隐藏在生活中的哲理。

10. 勇于承担。比起逃避自己的过错，勇敢承担责任更能帮助解决问题。承担责任并不是自我贬值的过程，而是从错误走向正确的过程，练就一颗勇敢坚毅的心，要从接受并承担自己的责任开始。

11. 培养适应能力。事物是运动、变化、发展的，生活更是充满变数的。经常对变化的环境做出评估，对事物未来的走势进行预测，思考自己在各种变化中的不足，这样可以提高你的适应能力和应变能力。总之，在变化的世界中，唯有不断适应变化的人才配拥有立足的筹码。

12. 向正能量靠拢。寻找正能量，积极与正能量接触。拥有正能量的人总是积极踊跃，具有强烈的感染力，想要战胜负能量，就要向正能量寻求帮助。当你在陌生的环境中感到孤单时，不妨主动寻找身边的正能量，比如乐观的人、一场精彩纷呈的电影，总之，不要任由孤单的火势蔓延，正能量是最好的灭火器。

掌握心灵修习的技巧，坚持给自己积极的心理暗示，通过一系列心灵活动来达到身体、心灵和精神的放松与愉悦，在释放压力的同时汲取各种有益身心的正能量，将负能量隔离在机体之外。